職場說真 07

用你的
不平等優勢
創業

THE UNFAIR ADVANTAGE

How You Already Have What It Takes to Succeed

沒有資金、沒有人脈，也能創立會賺錢的微型公司

ASH ALI & HASAN KUBBA

艾許・阿里、哈桑・庫巴——著　張家瑞——譯

獻給我的家人（特別是一直很包容我的爸媽）、我忠實的朋友，和親愛的女兒阿瑪妮。

——艾許・阿里（Ash Ali）

獻給我親愛的太太和家人，特別是很體諒我的爸媽。我愛你們，謝謝。

——哈桑・庫巴（Hasan Kubba）

目次

前言

「新創立的公司要怎麼做才會成功？」

身為英國 Just Eat 公司的第一任行銷主任，以及資深管理團隊中的第三位員工，我不斷被問及這樣的問題。二〇一四年我們展開線上訂餐外送業務，而且首次公開募股就達到驚人的十五億英鎊，之後人們就會問：

「艾許，你一切從〇開始，你是怎麼做到的？」

我的腦袋前思後想，試圖擠出一個精確的答案……是因為有好點子嗎？還是因為技術？成長祕技？團隊？時機？也許只是我們投入了十分的努力和加快腳步？是什麼使我們創下英國近十年來難得一見的科技新創公司首次公開募股最大規模紀綠之一？

我們被捧成從英國發跡的傳奇成功故事（最初的發源地是丹麥），並且得到許多關注。然而，關於我們成功的原因，我所想出的每一個答案似乎都缺少了什麼，就像拼圖缺少了關鍵的那一片……而我永遠無法正確地指出來。

在我離開 Just Eat 另創立幾家新公司的時候，關於創業如何成功，也開始在我腦海裡萌芽：首先我自食其力（沒有外部資金或投資），完全靠自己創立 Fare Exchange，那是一個私人雇車平臺，然後又在海外創立了 Washplus——一種即時提供所需的機動洗衣應用程式——並且在杜拜初露鋒芒。

我們為 Fare Exchange 研發了智慧軟體和數位行銷系統，可以接受預訂，然後由當地的出租車公司提供服務。這發生在二〇一〇年，當時 Uber 尚未問世。我以狂飆的速度擴展它，只用了三年的時間，預訂收益就從〇成長到兩千五百萬英鎊——只用了五個全職員工。我的下一步，Washplus，成為杜拜成長最迅速的洗衣和乾洗新創公司。

我贏得了「成長高手」的名聲——成為很在行讓一家新創公司成長得非常、非常迅速的人。同時間，由於擁有從我自己的新創公司投資和辛苦賺來的錢，尤其是 Just Eat 首次公開募股的一大筆資金，我也成了天使投資人兼顧問：把我的錢投注在新創公司裡，然後監督它們。

我最近建立了一間具有社會影響力的成人教育新創公司 Uhubs，它的目的不只是營利，更應該說是營利兼具對社會有正面影響。在 Uhubs，我們幫助人們培養技能，並且以輕鬆和負擔得起的方式直接向專家學習。

我為了我的新創公司而環遊世界，從歐洲到美洲，從中東到東南亞，我不斷思考創業成功的基本祕訣。我注意到，全世界的創辦人和投資人都會遇到同樣的麻煩，而且也會問我相同的問題。我遇到的每一個人真的都很努力在工作，但是有的人創業成功，有的人失敗。

英才制度的謊言

假如說我在自己的創業之路上有學習到任何事情，那就是媒體所渲染的成功創業故事可能**非常**具誤導性。無論在哪一個角落，你都會受到關於成功企業家沒完沒了的神話、英雄崇拜、女神崇拜等天花亂墜的宣傳轟炸，他們被描述為努力工作、英才教育和美國夢的偉大力量的活見證。（是的，即使在英國和世界上的大部分地方也是如此。）

矽谷和新創公司的世界，喜歡把它自己弄得像是一個先進、英才管理的地方——那些夠聰明又夠努力的員工當然能出類拔萃，獲得他們以血汗和淚水換來的報償。

英才制度意味著：「應得」的人才是能夠贏得的人。用白話說就是：值得變得富有的人才會變得富有。

它的基本概念是：我們都可以像那些了不起的億萬企業家一樣，只要我們能讓我們的股票增值，只要我們在清晨四點鐘起床，然後忙碌地工作。我們從文章和新聞片段中得知他們的技巧和訣竅，我們所讀的書告訴我們說，我們都可以像他們一樣，只要我們夠自律、夠努力，並且有足夠的膽識和毅力。

鬼扯。

身為一個曾經處在空前不平等的狀態中、但是最終獲得「成功」的人（現在可能被視為特權者），我很想為大家解開我們都住在一個真正純粹的英才制度裡的**集體錯覺**。

因為從我二十多年的創業經驗中，關於哪些新創公司成功、哪些新創公司失敗，我開始看出明顯的模式。現在我已準備好回答這個問題：一家新創公司怎樣才會這麼成功？

在本書裡，哈桑和我想以令讀者大開眼界、直言不諱、但最終的目的是為你建立自信的方式，來分析成功的要素。

是的，在一個社會裡，我們極其迅速地變得更英才化、更公平，好到令人難以置信。身為生長在伯明罕最貧窮區域裡的貧窮移民之子，我很感激我們並不生活在中世紀。因為在那個時代，你不是富有的地主就是貧窮的農民。

不過，我的創業經驗告訴我，我們仍然有很長的路要走。現實裡仍然存在著多到不可勝數的問題、障礙和崎嶇不平的道路。

身為一個體驗過各種層面的人——從貧窮到權貴階級，從員工到企業家，從創業者到天使投資人，以及從學員到業師——我比以往更相信，成功的途徑不只是自律、信念和努力。

哈桑和我每天都看到這種情況——一堆努力工作、奉獻心力、熱情激昂的創業者到我們的倫敦總公司竭力做募資推銷。遺憾的是，我們必須拒絕幾乎所有的人，然後指點他們一個新的方向。

為什麼？往往是因為他們不了解一個簡單的真相，這真相公然挑戰今天你所看到的幾乎每一本書的標題或商業新聞標題：

不是只有最努力的工作者才能在創業的世界裡獲致成功，能夠培養和利用不平等優勢的人也能如此。

我們所謂的「不平等優勢」，指的並不是不道德或非法的優勢（儘管我們確信有很多這類的事情）。不平等優勢是在競爭中占上風，而且這種不平等優勢對你來說珍貴無比。它不只是一種獨特的賣點，它還是令你勝對手一籌的基本起點。有時候它不是那種能夠「掙得」或靠努力便能取得的優勢。

讓我們以運動舉一個很簡單的例子。長得高是籃球界裡一個既簡單又重要的不平等優勢，不管一位矮小的籃球運動員付出多大的努力，跟它都扯不上關係，它不可能成為一種專業知識或技能。當然，那不表示不會出現矮個子的專業籃球運動員，只是不太可能發生，無論他們多努力。

剛起步的事業並不是體育運動，但適用類似的規則：如果你是權貴、受良好的教育、較富有、較聰明，你就比較可能是人生勝利組。不過，幸好，事情並不完全是這樣，不平等優勢可能存在於任何人的人生中的各個層面裡。

和我們談話的人幾乎都同意這種在成功創業上的激進新觀點——無論他們是公司創辦人、創始員工、風險投資人或天使投資人。

本書的特殊之處在於，我們主要的焦點並不是點子、產品，或生意方面的任何事情。本書關心的對象是你，公司創辦人，站在企業後臺的老闆（無論你已經準備好開創你的事業，或只是在思考階段）。如果你打算執行任何類型的企劃，它也適用。最簡單的理由就是，一切都從你開始。在初步階段的新創公司並無績效可言，能拿出成績的是令它走向成功的創辦人或共同創辦人。

生意點子很重要，我們之後會談到，但在那之前我們要談論的是**你**。具重大影響力的風險投資人、Passion Capital 的創辦合夥人兼投資者，艾琳．博比奇（Eileen Burbidge）這麼說：

> 當我們第一次會晤前來尋求投資的公司或生意時，我們會審視對方。理想上，我們希望評估那個團隊、它的技術以及那家公司所具備的任何動能。但是由於我們投資得太

> 早，所以我們幾乎從來沒有在同一家公司同時看到這三項優點。我們唯一能做的往往是評估團隊——就是那幾位創辦人。

同樣地，我們在投資一家公司之前要檢視的也是這點，任何稱職的投資人都會這麼做。

你的目標：受歡迎度

我們提到投資人和風險投資人，並不是因為每一位創辦人都期待從他們那裡募得資金。遠非如此：有些事業不靠投資人而更能自食其力，維持精簡（維持低成本和經常費用）。但是，你一開始需不需要募集資金，取決於你的不平等優勢，從這層意義上來看，資金是顯示你有多少不平等優勢的好方法。你有多少斤兩，在你拿到公司帳戶之前就決定了。幾乎沒有缺乏「動能」（如艾琳·博比奇所說）卻能募得資金的情況，動能表示能使愈來愈多的人向你購買或使用你的產品。它也叫做「受歡迎度」，也就是說你要開始讓你的新創公司有所進展，而不只是像車子陷在雪堆裡一樣地原地打轉。

不管你想不想為自己的新創公司募集資金，這裡有一個重要的問題：首先你要**怎麼**創造那種難以捉摸的受歡迎度？畢竟，大部分新創公司的失敗並不是因為它們沒有辦法創造產品，而是因為它們沒有足夠的顧客和／或使用者。

我常受邀演講，談談如何創立公司和使一個新創公司成長。我總是喜歡以這張投影片做為開場：

大部分新創公司的失敗不是因為它們無法創造產品，而是因為它們無法創造受歡迎度。

為了讓你的新創公司得到那種動能、成長和其後的成功，你需要具備強大的不平等優勢以做為你的基礎。經由了解、培養不平等優勢和發揮它的強大功效，你會琢磨出正確的點子，找到適當的共同創辦人合作，以及培養出堅實的基礎。

經營一家公司從〇開始，然後慢慢成長，是最難做到的事情之一。但是如果具備了正確的不平等優勢和正確的心態，你便可能有機會。

關於本書

當我和哈桑第一次把不平等優勢的概念拿到檯面上討論時，所引發的回響是超乎我們意料的。在每一次的演講結束時，我們總會有一拖拉庫的出席者——創辦人、有創業意願的人、投資者——排著隊伍要求我們幫助他們找出**他們的**不平等優勢（以投資者的狀況而言，是幫他們找出具有不平等優勢的新創公司，好讓他們投資）。

那就是為什麼我們決定要寫這本書的原因。

我是在倫敦某個晚上的商業飯局中遇到哈桑的。從外表看上去，他是個既精明又謙虛的年輕企業家，用他精緻的數位行銷系統為他賺進大筆收入（而且大部分是非勞動收入）。我從很年輕的時候就有企業家的直覺和天賦，而哈桑的發跡是從投資網路事業開始。他向我說明他是怎麼為了自由和獨立而投入這一行的，當我開始談到我所研發的不平等優勢理論時，他馬上就能理解。我們成了好朋友，他很快就成為我的投資合夥人，當創辦人試圖向我們募得資金時，他陪我坐在那裡聽著一個又一個、多達數百件的新創公司募資推銷案。我們一點一滴聚集起來的深刻見解，發展成我們的投資論點，並且形成我們開始進行的科技新創公司的一部分。於是我們共同發展出這個概念，然後匯集在這本書裡。

從那時起，我們建議、指導過數百名公司還在初創階段的創辦人，也為他們提供諮商。

我們在倫敦各頂尖大學的 TEDx 演說中呈現每一個不平等優勢的模型，哈桑飛往杜拜，在一個有數百家新創公司參與的大型國際新創公司高峰會中擔任演講人和業師。前來聽演講的人，都是渴望維持優勢地位、推出新產品，或是以精簡型式和不平等優勢方法進入新市場的公司。

現在，我們要和你分享我們所知道與你有關的事。我們想幫助你找出讓你創業成功的不平等優勢，無論你已經有一間公司或是正打算要創立。如果你要展開任何類型的企劃或努力，也大有助益。

在看過本書之後，你會：

一、對個人及新創公司的不平等優勢概念具有充分的理解。

二、了解如何找出和運用你的不平等優勢，在事業上獲致成功。

三、新創公司快速啟動指南——在這個瘋狂的旅程上，讓你擁有真正堅實的基礎。

在商業世界裡，成功的機會很少。新創公司往往是失敗的一方，有時還很慘烈，你不會想成為那百分之九十的失敗者。

籌謀佈局，為自己規劃成功。

這本書會讓你的機會轉成有利的指引——成功地開啟創業之路，募集資金，達到需要的受歡迎度，並且還可以帶著大把現金退場，如果那是你追求的。我和哈桑多麼希望我們在創業時，能有像這樣的一本書。

無論你可能面臨什麼樣的挑戰，它都對你有所幫助，無論你需要找到共同創辦人，得到第一個客戶，在應付一份全職工作的同時還要讓你的新創公司起飛，募得資金，建立最小可行性產品（Minimum Viable Product——我們會在第三部分提到），贏得使用者，發展銷售業務，以任何手段行銷和成長，產生足夠的現金以延長你的「資金耗盡時間」好讓新創公司免於經濟困難，有能力應付對手，吸引業師和顧問等等。

常常有人問我們，我們在開創事業怎麼獲得成功，這本書就是我們的答案。我們衷心相信你在本書裡找到改變人生的價值觀，雖然它檢視成功商業世界的方法有點激進又直言不諱，但仍然是具鼓勵性的。

如果你正考慮展開你的企業旅程，本書就是為你而設計的。我們對於有意願的創業者，還有你渴望自由的感覺，以及令你裹足不前的恐懼，完全感同身受。

如果你已經在經營一間新創公司，但仍在與初創階段的一些艱鉅問題奮鬥，這本書也適合你。

這是你走上捷徑的第一步。從「了解」的章節（第一部分）獲得的資訊，以及應用「檢視」章節（第二部分）裡的實用步驟及 MILES 架構，你會用前所未有的角度檢視成功是什麼，以及你個人**與**周遭環境的力量及缺點。具備這些優勢後，你會感到自信，並且準備好迎接第三部分——「新創公司快速啟動指南」。你會開始認真地征服新創公司的世界，並且實現你所有的夢想。

趕緊著手吧！

艾許．阿里和哈桑．庫巴

英國，倫敦

第一部

了解自己

第一章
人生是不公平的

我是受過教育的白人年輕男性……我真的、真的很幸運，不過人生就是這麼不公平。

這番話出自照片簡訊應用程式 Snapchat 的共同創辦人，億萬富豪伊凡．史匹格。在深入研究新創公司的成功時，我們發現他的故事格外有趣。根據《富比士》的資訊，史匹格是世界上白手起家的億萬富豪中最年輕的（在凱莉．詹娜之前——之後會談論到她）。他生於一九九〇年，在二十四歲的時候身價便達到了十億美元。

「我真的、真的很幸運，不過人生就是這麼不公平。」

引文的這一段真的很引人注目。難道伊凡在暗示，他的成功只是因為幸運嗎？他很清楚自己過著優沃的生活。為了讓你知道他有多「幸運」，我們再深入些聊聊他的背景。

伊凡・史匹格在洛杉磯一戶價值好幾百萬美元的房子中長大，四周有數不清的高級私家車和專屬的鄉村俱樂部，並且在世界各地的四季度假酒店享受奢華的假期。

他早年在洛杉磯昂貴的私立學校就讀，說來奇怪，Tinder 的共同創辦人錫恩・雷德以及一堆好萊塢明星像是凱特・哈德森、傑克・布萊克和葛妮絲・派特蘿也在那所學校就讀。據說他的雙親還為他和他的姐妹請了菁英私人家教，費用高達一小時兩百五十美元。

伊凡的父母都是很有影響力的律師，他爸爸承接的都是高利潤的案子，像是墨西哥灣的英國石油漏油事故，以及演員查理・辛對華納兄弟提出一億美元的不名譽訴訟案。他的母親還有一項優異事蹟：哈佛法學院最年輕的女性畢業生。伊凡希望自己可以進入競爭性極強的矽谷夢幻名校，當他高中畢業後，他父親豐富的人脈和強大的影響力，當然不會令他失望。伊凡的家族人脈，也讓他有機會被引介給彼得・溫德爾，他是一位了不起的風險投資人，名列《富比士》雜誌的美國百大風險投資人之一，投資過數百家成功的新創公司和認購過許多的首次公開募股。

擁有這樣的人脈還不錯。

透過溫德爾，伊凡也會晤過一些舉足輕重的人物，像是谷歌的前執行長艾瑞克・史密特，YouTube 共同創辦人查德・賀利，和強大的財務軟體 Intuit 的創辦人史考特・庫克。

後來艾瑞克・史密特談到伊凡：「他非常有禮貌，據他說是承襲自母親。他從小就對商業和公司組織懷有願景，這一點他歸因於父親的潛移默化。」

史考特．庫克決定指導伊凡，在伊凡向科技新創公司的世界踏出第一步時，賦予他豐富的商業智慧。後來庫克以業師身分投資，成為Snapchat的第一輪資金來源。

雖然伊凡起步時很年輕，但是在Snapchat開始成長時，他已經得到了一百分的聯合智慧，也接觸過各種商業課題。雖然許多二十幾歲的小伙子在和重要的投資人開大型會議時，也許會感到緊張，但是伊凡．史匹格只是盯著一位不願意調整公司標準投資條款的風險投資人，告訴他說：「如果你想要標準條款，就去投資標準公司。」那間風險投資公司後來在二〇一三年投入了Snapchat的第三輪募資。

這就是我們談論不平等優勢時所要檢視的地方。這些因素環環相扣，對伊凡在Snapchat上的成功以及他成為《富比士》最年輕的白手起家億萬富翁，做出重大貢獻。這些財富、影響力和權力方面的人脈，直接影響了他的成功。他能夠在這麼年輕時登上高峰，是因為人家已經幫他做好了大部分的準備。事實上，他不是爬上去的，他是搭火箭上去的。

這並不是說我們把**所有**Snapchat的成功都歸因於伊凡的權貴背景，根本不是這樣。一大堆權貴階級的孩子到最後還是一無所成。在所有成功的故事裡，都有許多重要的因素。舉例來說，伊凡非常聰明，他賦予Snapchat的精髓是獨具慧眼的——大家都想用會「自我摧毀」（也就是在幾秒後自動消失）的圖片來溝通。這是既有的社群媒體巨頭如臉書、推特和

Instagram 都不曾想過的。伊凡不只擁有資金管道、門路和業師，他很出色地創造了一種非常符合時代需求的產品。他在對的地方、對的時間，有了對的點子。他和共同創辦人以及員工真的非常努力，也真的非常聰明到能夠成功。

關於伊凡有什麼令人耳目一新的事情？他坦承一路上他很享受地休息了好幾次。不同於科技業裡到處太常聽到的忠告，像是「努力工作」、「挑燈夜戰」和「勤奮不止」，伊凡這麼說：

「這與努力無關，而是與操作體系有關。」

「操作體系」帶有不道德的意涵，像是「在體系裡操弄」或甚至「在體系理作弊」。但我們不是這個意思，我們只是說，成功無關於工作得比別人更努力，而是要工作得比別人**更聰明**。

簡單地說，那就是本書的宗旨：**如何**工作得更聰明，以及如何操作體系，讓它有利於你。還有，重要的是，你不必像伊凡．史匹格一樣，擁有權貴的成長背景。

事實上，如伊凡所承認的，這個世界並不公平，而且有些人的不公平遭遇比他人更甚。伊凡出生在一個很富裕的家庭，接受極良好的教育，有非常成功的父母和社會人脈。但是，萬一你的成長背景沒有這些優勢怎麼辦？難道就表示你注定要失敗？

也許有時候我們的感覺就是這樣。

別人往往告訴你，對於不盡理想的情況，答案就是要努力工作。如果努力工作還不夠，就更努力工作！但有時候當你已經盡了全力，兼要應付人生道路上的一切困難險阻時，人家卻告訴你還要更努力工作，這種感覺如同落井下石。

然而，在網路常看的，以及每一間書店裡，關於自我成長和商管類的文章和書籍，你會聽到同樣的故事：「造成差異的就是努力！」「勤奮不止的人才是能夠成功的人！」「當你需要成功就像需要空氣時，那就是你成功的時間點。」

整個商業世界似乎都是圍繞在這種「努力崇拜」成長的。畢竟，有多少商管／自我成長的權威和勵志演說家，都宣稱努力是唯一的答案？（唔，除此之外，也許還有他們成為百萬富翁的頂尖「五階段」計畫）在你買了一系列課程、書籍、影片後，你得到了什麼？不就是那些過時的策略和再平凡不過的建議，以及趕緊努力的「動機」。

我的意思是，別誤會……努力和犧牲顯然是一項因素。犧牲是成功的必要條件，因為了長遠的成功，你**真的**必須放棄一些短暫的快樂。那是一種讓步。然而，如果你認為自己沒有成功，是因為別人做得比你好，這種想法未免太過簡化了。

「努力工作＝成功」這種過度簡化的觀念不僅是誤導，當你不知道要**從何努力起**的時候，它還會令你相當困惑。記住伊凡．史匹格說的：「這與努力無關，而是與操作體系有關。」工作得很**努力**但不**聰明**，是沒有用的。舉例來說，你可以為了設計和研發一項產品而非常努力，但如果那是沒人想用的產品，算你倒楣，你還是一無所成，不管你花了多久的時間，流了多少血汗和淚水。

> 我看過許多努力工作的企業家失敗，所以歸納出一個結論，那就是，努力工作絕不是壞事，但它真的不是造就偉大發明或成功的魔法。
>
> ——凱特琳娜・費克，Flickr 的風險投資人和共同創辦人

身為一位非常成功的連續創業者和風險投資人，凱特琳娜・費克應該知道自己在說什麼。她的新創公司 Flickr 成為全球最受歡迎的圖片分享網站之一，同時也是社群網絡的早期先驅，後來很快就被雅虎以大約兩千萬美元的價格買下。上方的引文出自於她為《商業內幕》所寫的文章標題「努力被高估了」。後來她繼續創立、培植，然後賣掉另一間新創公司，這次是賣給 eBay，據說賣了八千萬美元。

如同凱特琳娜所說，把勤奮努力奉為成功的唯一「關鍵」，就會將事業成功裡所有細微的因素都簡化成一個一體適用的答案。

舉例來說，在伊凡・史匹格的例子裡，我們還要思考他出生的社會階層、所受的世界級私人教育、環境培養出來的自信、從有教養的父母那兒所吸收的社交禮儀、父親給予的人

脈，以及一路上他碰巧遇到的億萬富豪業師。我們還沒提到他在才智、創造力、解決問題和交涉技巧等，這些都來自父母的遺傳，且影響重大。還有，好運在他的成功上擔任了什麼樣的角色？我們是否可以推測他一路上都很幸運？這些都是令伊凡不僅是成功，而是**異常**成功的要素。

哦哦，我們真的是這麼說的嗎？我們怎麼**敢**在**商業類書籍**裡提到遺傳、運氣和來自父母的才能！

唔，告訴你，這不是一本老套的職場自我成長書籍。

老好人 Snapchat 先生不是唯一一個發現光靠努力就夠的人。

億萬天使投資人，LinkedIn 的共同創辦人暨 PayPal 資深團隊創始成員霍夫曼，他接受美國全國公共廣播電台 Podcast 節目「How I Built This」主持人蓋．拉茲訪問時被問到：

「你的成就有多少是因為你的努力和才智，以及有多少是因為你的運氣和優勢？」

他不假思索的回答：

「答案是，兩者都占了相當大的分量，那是當然的。」

「兩者都占了相當大的分量」，這個答案出自於今日數位化世界中最富有、最成功的人之一。似乎愈成功的人，就愈願意承認他們的成功，除了努力外，還有其他的重要因素。

如果你仍然認為這本書是在談像伊凡．史匹格那樣的人，他們在充滿優勢的環境中成長有多棒，那麼我們會向你證明，不平等優勢是多種面向的。為了闡明這一點，我們會舉一些更貼近平實的例子。讓我們仔細瞧瞧其他幾位企業家是怎麼扭轉他們的人生的。

就從我們自己開始吧！

第二章
我們的創業之路

艾許：我的故事

我爸媽以前會問我：「艾許，為什麼當別人都走這個方向時，你卻走另一個方向？」那就是我。

我不是要故意叛逆或背道而馳，但我覺得自己總是質疑大家的做法，這可惹火了我可憐的爸媽。事實上，在我還是青少年時，每當我們拜訪朋友或親戚，他們總是要我把嘴巴閉緊，因為我會質疑任何事，然後引發一些愚蠢的爭論。

也許那就是為什麼我的人生後來會變得那麼與眾不同的原因。我懂得成長。

我是巴基斯坦移民之子，在伯明罕出生，並且在那個城市裡最貧窮、充滿犯罪的區域長大。當我說充滿犯罪的時候，我是認真的。幫派、藥頭和殺人犯就出現在每一戶人家的門前。我仍然記得警察封鎖了我們半條街，因為我們對面的房子裡發生了霰彈槍謀殺案。

我的出身不像伊凡．史匹格，我們住的地方沒有圍繞著價值數百萬美元的房子。我們這一區看到的唯一「財富」是惡棍和黑衣人（而不是律師和醫生）開著到處跑的嶄新BMW。那時候到現在，情況沒改變多少，因為至今我還看到父母仍居住的那個地方，上演著謀殺和搶劫的新故事。

我在內城一所貧窮的學校就讀，我的家庭一片溫暖祥和，但是你也看得出來，我們的生活不太可能有什麼賺大錢的機會。我後來能上文法學校已經算是夠幸運的了，也就是在那時候我有機會一窺中產階級的生活。我還記得一些事情，像是當我聽到同學們要參加班級滑雪旅行時的感覺，我不能去，因為我爸媽負擔不起。

伯明罕原本是工業城，我爸在當地的鐵工廠有一份卑微的工作、領著卑微的薪水。我媽整天忙個不停，努力把我們養大。就像一般的移民父母一樣，她相信良好的教育能讓孩子走向更美好的生活，所以她真的很注意我們。我父母很努力工作，犧牲一切只為了讓他們的孩子擁有更好的生活。

那我是怎麼報答他們的？輟學，兩次，但都不像馬克．祖克伯那麼跩。我指的是預科學校，那時只有十七歲。由於沒有人脈或一個明確的方向，當時的我不知所措。而家裡其他小孩在學校的表現都很好，成績優秀，我被家人列入沒考上大學的黑名單。

我就是沒有上學的耐心。儘管我家人中沒有企業家，沒有好的榜樣或業師給我指引，我仍然懷著投機賺錢的小小夢想。

我在十三歲時展開了第一份工作：送報。我很快發現自己每天早上花太多時間在送報，所以我決定把一半的量分包給一位朋友做。我們可以用更少的時間做同樣的工作，但涵蓋的範圍更廣。

過了幾年後，我發現自己可以靠著販售百科全書CD給鄰居和朋友而賺取不錯的收入，那是在維基百科問世之前。我對自己的小事業感到滿意，而且我的客戶也很開心。後來我才知道這些CD是違法的盜版——但在我意識到這個問題之前，我賺的都是正當錢！我喜歡賺點小錢，因為現金對我來說代表著自由和可能性。我不會花掉賺到的錢，我只是享受擁有它和知道自己有能力負擔我想要的東西的感覺。

將時間往前快轉幾年，我一些朋友都上了大學，享受搬出家門的自由，開派對慶祝大學生活。而我，仍然窩在我爸媽家，睡在我小時候的房間裡。我在辦公室用品和電腦倉儲式商店Staples做零售的工作——那是我非常在行的項目。

在這段期間，以前學校的一位朋友和我開始研究一項小計畫，這計畫後來永遠改變了我的人生。

我朋友的爸媽擁有一間存放鞋子的倉庫，他來找我是因為他知道，我總是想賺錢。我們後來想出一個瘋狂的點子，就是架設一個賣鞋的網站。那時是一九九八年，還沒有人在做電子商務——即使亞馬遜也才剛進入英國，而且焦點只聚集在書籍上。我們那時太年輕，對於網路世界太興奮，每一個人都告訴我們，沒有人會透過網路買東西，但是我們根本聽不進去。感謝上帝，當時我們沒聽進去。

過程並非一帆風順，架設網站不容易，線上付款也不容易。每一行的程式碼都必須由我親自編寫，在我爸媽的閣樓裡工作，電腦是我從打工的地方買來的廉價過季展示品。但後來我開始著迷於這項工作。Staples 有賣關於電腦和網路的書，所以下班後我就坐在走道上查閱如何架設網站。我在學校是無法坐下來看書的人，但那個時候我就像個模範生一樣孜孜不倦。

我在閣樓裡花了好幾個白晝和長夜，試圖建立起這個網路商務並讓它順利運作。當時的網路要靠撥號連線，所以當我連上網路時，我爸媽的電話線就被占用，電話既打不進來也打不出去。我媽的朋友開始到我家來聊天，因為他們一直沒有辦法透過電話聯繫！我忽視社交活動，不再花時間和朋友泡在一起，只顧著打敗一個又一個的問題，我所關心的一切只有讓鞋店更好。家人都開始叫我隱士，因為我不再走出家門，甚至辭掉了在 Staples 的工作。

後來竟然真的有人來拜訪我們的線上鞋店。這令我興奮莫名，有陌生人找到我們的網站然後，在線上送錢給我們！然後我們把鞋子寄給他們，太不可思議了！

與此同時，網際網路的繁榮幾乎到達它的高峰，新聞標題都是有關網路新創公司成功的故事。後來，世界各地的企業也開始意識到我碰巧發現的網路用處——你可以在網路上賣東西；網路有了它第一次的全盛期。在我十九歲的生日，我甚至收到了兄弟姐妹送的卡片，上面寫道：

未來的網路百萬富翁

他們大笑了一陣揶揄我。畢竟，我家裡沒有人**真正**相信我可以利用網路餬口，更別說靠它成為百萬富翁。我看起來一定像是個怪人——把九米長的延長線插到電話插座上，然後一路拖到閣樓去。沒有人從我的執迷中看到未來，大家都希望有一天我會清醒過來，然後明白事理。總有一天我會做「正確的事」，有一天我會找到一份傳統工作，走上傳統的職業生涯。

但我沒有。我把「網路百萬富翁」的卡片立在閣樓的窗格上，然後繼續工作。每一次我坐下來研究網站時，我會看著那張卡片。我家人不知道這件事，但是他們在我胸中點燃了一把火，使我繼續前進。那時我真的對自我成長類的書很有興趣，也相信努力工作會讓我成功。

很快地，我們發現自己被提名角逐一種網路獎項。太難以置信了！他們是怎麼發現我們的？因為被提名的關係，突然間有好幾家公司向我們招手，要我們到倫敦工作。他們都想要我用這種「網路」玩意兒的影響力，扭轉他們的生意，因為我剛好是這個新興領域裡的極少數專家。

於是，我把自己一點點的資產塞到帆布背包裡，就搭火車前往倫敦。我抵達倫敦時沒有人脈，對那個城市一無所知，也沒地方住。我連怎麼搭地鐵都不知道。

我一連進行了四場不同工作的面試，第一家公司當場錄用我，薪水是三萬英鎊。當時對我來說，那是一筆多到我都不知道該怎麼花的錢。

在那裡，我是新面孔、絕對禁酒的亞裔穆斯林青少年，操著濃重的伯明罕口音，周圍是偌大的優美辦公環境，四周都是在國內最富有的區域取得證照和學位的成年人。更糟的是我太年輕，而且看起來就是那樣！事實上，我看起來大約只有十五歲。我常常被誤認為工讀生，但實際上要管理二、三十歲的成年人。

那裡的人有的很和善，但也有人憤恨我跳到他們上頭——一個連大學都沒讀過的孩子。突然間我見識到兩種新的現象，辦公室政治和冒牌貨症候群。

辦公室裡有些人會故意對我說幾句冷嘲熱諷的話，或是我無意間聽到。不是所有人都玩辦公室政治那一套，而那個雇用我的人，對我在辦公室環境裡建立起信心幫助特別大。

如果說，現實世界中那些詆毀我的人很難開導，那麼，在我腦袋裡的那一群就更糟了。隨著每一天過去，我都必須面對同樣的想法：

「我在這裡做什麼？」

「我不屬於這裡。」

「為什麼我不待在伯明罕？」

「我的朋友和家人現在怎麼樣了？」

「我錯過了讀大學的一切樂趣。」

我覺得自己像是缺了水的魚。冒牌貨症候群極為普遍，但是我當時不知道。身為一個青少年，我懂得告訴別人工作要怎麼做，但是在一個高消費的大城市裡，我不認得周遭的道路，也不認識任何人。我連怎麼洗衣服或做最簡單的一餐都不懂。說到這這，之前都是我媽打理的。

不過，我開始習慣在倫敦的生活，而且儘管一開始擔心這擔心那的，後來我竟然開始懂得享受自我了，我是那個單位裡真正懂得自己本質的少年奇才。是的，也許我和他們有一點格格不入，尤其是下班後大家去酒吧喝幾杯時，我的杯子裡裝的是可樂和檸檬飾片。但是我有可自由應用的收入，也因此得到許多樂趣。

我租了一間轉角處的精緻公寓，可以眺望金絲雀碼頭的美麗景觀，然後再去工作。我所有的努力似乎都得到了豐厚的回報。我和這個新興企業裡的大人物平起平坐，陶醉在「青少年網路行銷天才」的盛名當中。我能夠隨心所欲，而且我很享受花自己掙來的每一分錢。那個時候，我相信自己一切的成功都是來自努力不懈的工作美德。我表現得很好，幫助公司裡的人了解網站、搜尋引擎優化、行銷，以及當時還沒有人曉得的、跟網路有關的一切。

在我的人生中，第一次有人了解我。在我的人生中，第一次被困惑以外的事情圍繞著。在我的人生中，我第一次覺得自己成功了。我覺得自己在這個新興科技中乘風破浪，勢不可擋。

但我錯了。

二〇〇〇年三月十日，網路泡沫化爆發。領先科技股的那斯達克指數來到高峰，然後急遽下跌。根據《洛杉磯時報》報導，科技公司市值一下蒸發掉五兆美元，而那些質疑網路並將它視為愚蠢趨勢的評論家，那時說話也變得大膽犀利了。發生在美國的網路泡沫，很快就越過大西洋來到英國。

我被裁員了。我「成功」的錯覺，和我微薄的存款，一下子消失無蹤。在受到打擊和感到困惑之下，我搬回去和我爸媽住。「少年奇才」必須回家找爸媽，感覺就像我突然失敗了——儘管那和我沒關係。怎麼會發生這種事？到底為什麼？

我覺得自己像個澈底的失敗者。

我觀察那些被裁員和沒被裁員的人，有部分似乎跟他們在工作上表現得好不好是沒關係的，反而是取決於他們與資深主管的關係以及其他辦公室政治。我意識到是有些優勢在作祟，那些優勢的影響力勝過努力工作和績效表現。我從這個經驗中頓悟，然後對自己說：

事實上，我得到這份工作並不只是因為我很在行，而是因為網路獎項提名的光環。如果不是他們親自來找我，我根本不會想到倫敦工作。而且，我得到這份工作的部分原因只是運氣好。

隨即我更深入理解到，事情不只是表面上看起來那樣。我很幸運在對的時間點，具有這項高需求的技能，剛好遇上網路起飛的時機。如果我像其他朋友在服裝店裡工作的話，我就不可能透過工作來學習有關電腦和網路的一切。

而且，要不是我朋友的爸媽剛好在經營鞋店，我也絕不會開始我們的電子商務投機事業。要不是我有門路可以翻閱有關電腦和網路的書，我絕不可能學會如何架設網站和網路行銷。我所學到的這一切，剛好都是在對的時間。

如果我聽爸媽的話上大學，我可能就不會碰巧一頭栽入網路世界。還有，如果我的爸媽不准我用他們的電話線連上網路，那麼我也不會是今天這個樣子。

除了我自己的努力和長處，我要感激的事太多了。

我開始明白：我所培養的技能——我的專業——就是我的不平等優勢。有一陣子，靠著它，我成為英國各地公司的自由顧問。很快地，日子變得比我在倫敦時還好。事實上，我很快地在倫敦又得到了一份更好的工作，我漸漸愛上那個城市。我遇到了一個好女孩，和她結婚，然後我們現在有了一個孩子。

我過得安定、舒適，也有一份優沃的薪水。然而，身為一位員工，我覺得自己好像無法再向上發展，即使當時我已經很資深了。我仍然記得當時總經理告訴我，他們無法幫我第四次調薪了，因為我已經賺得比我那部門裡的任何人都多。還有，更重要的是，我開始厭倦了。

在那段期間裡，我繼續利用閒暇時間做各種「外務」（你在一份全職工作的閒暇時間裡所經營的事業）。創立一個跟網路有關的小事業，然後把它賣掉賺取一大筆利潤，這非常有趣。這種方法有時候可以賺很多錢，但有時候會失敗，不管結果怎樣，研究一個點子，然後看看我能讓它發展得多好，真的很有樂趣。我一直在尋找更多的樂趣。

我的女兒出生不久後，我的渴望得到了答案。加入賈斯伯·巴契，他是丹麥一家小型新創公司的首席共同創辦人，那家公司正在它的國內市場掀起一陣波瀾。賈斯伯現在想拓展國際市場，並且以倫敦為根據地。「我需要一位行銷主任，而我認為你超厲害的。」他聽過一堆關於我跳脫框架思考且產出真正成果的事蹟。

我不確定。線上外送服務？如果我跳槽到英國的 Just Eat，只是第三資深的員工，薪水也一般般，但是能分得公司的一部分（股票）。我太清楚這樣的分紅只有在公司成功時才具有價值，我也了解所有新創公司裡，野心強大到不許自己失敗的，少之又少。

在這個階段每個人都有所保留，包括我太太。

雖然以我現在的成就來看，那是件好事，但為了一間頗具風險的新創公司而選擇離開我舒適的工作，在當時簡直是沒大腦的人才會做的事。我仍然記得當經理宣布我要離職且到一家「線上外送網站」時，同事臉上的表情。那種表情是什麼意思呢？困惑？同情？當然不是嫉妒，因為大部分的人都認為這個想法很愚蠢。

記住，當時是二〇〇七年，第一支 iPhone 上市的那一年。沒有多少人會透過手機使用慢吞吞的網路，也沒有多少人能夠想像得出一個你隨時隨地會需要網站的世界。那是在應用程式商店或手機應用程式出現之前，相關領域的評論家和使用客戶還在爭論智慧型手機能不能在市場上占有一席之地。大家用家裡的桌上型電腦訂餐（現在是用筆記型電腦了）——與今日可即時滿足各種需求的手機世界相比，差得太遠了。

我們成功的機會不大。大家還是習慣用手機打電話訂購外送餐。但對我而言，我覺得當時自己的工作早已變成了一個金鳥籠，是時候投入新創公司的世界。

大顯身手的時候到了。

我和大衛・布翠斯（執行長）以及盧恩・利森（營運長），親手為我們在埃奇韋爾的新辦公室組裝家具。只有我們三個人，和賈斯伯一起往返於丹麥、倫敦，之後還有荷蘭。

那是一段又長又辛苦的日子。

我不怕把自己的手弄髒、在戶外賣東西、做客戶支援、嘗試各種行銷策略。

在二〇〇九年，我們終於向創投公司 Index Ventures 募得了一千零五十萬英鎊，然後我主導我們的第一支電視廣告，計畫在 X Factor 的時段播出。後來我們那支廣告得獎了，那真是令人興奮的時刻。

在 Just Eat 待了三年後我換工作了，在那之前我們做過首次公開募股，讓股票在倫敦股市交易中流通。我仍然記得我們原本的目標是三億英鎊，然後改成六億英鎊。最後我們的市值竟然高達十五億英鎊，那簡直是瘋了。那個奇蹟時刻讓我們在一夜之間達到了真正的財務自由。我還記得，那時我回想起十九歲時生日卡片上的話「網路百萬富翁」，我不由自主露出微笑，打電話給我的姐妹，我們都笑得好開心。

在我換工作和股票上市的期間，我創辦了 Fare Exchange。且在擁有一筆「不平等優勢」的錢財後，我也有能力成為天使投資人，現在的我如魚得水。自此之後，我創立又賣掉了一間國際新創公司（在杜拜的 Washplus），最近又創立了一間具社會影響力的教育科技新創公司，叫做 Uhubs。

回首往事，我極感激我具有的優勢和缺點，以及幸運碰上的事情，還有一路上幫助過我的人。那些都是成就今日的我的元素。

哈桑：我的故事

你知道有多少人很顯然是「天生」或「注定」的企業家？艾許就是一個例子。

唔，但我不是，我認為自己是一個非天生的企業家。我必須透過學習，才能培養出沒有框架、沒有老闆的工作直覺。而且我的個性內向，我必須強迫自己學習推銷，我必須學習讓自己站出去，也必須學習去適應企業家這個身分而帶來的不確定性。

當我說非天生企業家的時候，我的意思是，我不像某些人一直在開創新事業，而且從小就思考賺錢的計畫，我不是那種模式。以蓋瑞．范那契——VaynerMedia 的創辦人，他帶有社群媒體的人格特質——為例，他喜歡回顧小時候賣棒球卡片賺錢的事。艾許賣過盜版百科全書CD，但我在小時候和青少年時期，從未有賺錢的興趣（如果我有的話，我賣的也許是寶可夢卡片，而不是棒球卡片）。

我沒有願景，而且從年輕的時候就只會朝著一個既定目標前進，我的事業旅程從我試著選擇一項職業開始。就跟許多和我談過話的對象一樣，我發現在預科學校和大學的就業服務中心，對我的幫助不大。所以，身為一名成績優秀、具有科學天分的聰明孩子，自然會期望——尤其父母是移民——一份受尊重、有地位、講求專業的職業。對於伊拉克家庭來說，上層階級通常是指醫生或工程師。

回到在巴格達（我的出生地）時，我第一個生日爸媽就送了我一個「醫生」蛋糕。看起來，他們確信自己的孩子長大後會讀醫學院。

我三歲時，我們搬到英格蘭。我在倫敦長大，上當地學術紀錄不怎麼好的州立學校。我成長的環境並不富裕——我們有資格申請免費校餐和收入補助。

我們過著簡單的生活，尤其是開始那幾年，但很幸運地，對我來說那樣的生活充滿了安定和愛。我在校表現良好——爸媽鼓勵我拿到好成績，小時候也常常帶我去圖書館（我喜歡閱讀）。當我漸漸長大後，爸媽的經濟情況也開始好轉，有能力供我到學費不貴的私立學校。

我朝著醫生的目標前進，希望可以實現爸媽的夢想。然而，有一天，這個安穩的泡泡破滅了。我進入大學六個月後，突然輟學，因為我決定不當醫生了。

對於這麼戲劇性的發展，我爸媽大為震驚。我怎能在這麼短的時間內，就決定醫生這職業不適合我呢？最大的問題是，我甚至不知道自己想做什麼。我只知道自己想多了解這個世界，不希望以後的生活裡都是護士、病人和醫院。

當時我並沒有想要成為企業家。如果你這麼問我的話，我會認為你瘋了。企業家？我？就跟艾許一樣，我家庭中沒有人是企業家。我甚至不認識會把企業家當做一種真正職業的人。

後來我從一所優秀的大學畢業，且拿到經濟學文憑，但我仍然困在原地。如果你想賺大錢的話，經濟系畢業的典型出路就是成為銀行家。但是我也不想成為銀行家。

既然我已經畢業了，壓力便隨之而來。讀完大學後，你應該找份工作，社會就是這樣教我們的。但是我沒有規劃我的前景，因為我仍然不知道該走哪條路。

我靠著學生生活貸款，過著節儉的生活，住在家裡才不會有任何經濟壓力，但我還是感受到來自社會和爸媽的壓力。有一天，我碰巧在網路上看到一則關於學習創立網路事業的廣告。這則廣告很特別，它不以一夜致富來吸引你，而是標榜一種新奇的工作方式，利用新興科技，讓你擁有更多時間，用你的真誠創造價值來賺錢，而且還可以讓你逃離公司的壓搾。

叮咚！看來這正是我在尋找的東西。

對於一個沒有工作的畢業生來說，這項課程的學費真的很貴：要幾千美元，但那是一種投資。我以前看過類似的課程，不過因為害怕而不敢報名，萬一它是一場騙局？或者不適合我？然而這次再遇到它時，我決定放手一搏。我希望達到的目標是：我可以靠網路新創事業所賺的錢過生活，而且不用花太多力氣。我要的是非勞動收入。我終於設立了一個目標，也知道自己想做什麼。

我硬著頭皮報名了，感覺風險很大。不過我很幸運，網路課程很好，所教的東西都很有道理。謝天謝地，它不是場騙局。

他們鼓勵學員設立一個目標，每天為我們的新創公司而努力。

我巴不得馬上開始，下定決心要讓我的夢想成真。然而後來還是沒有做到。因為幾個月後，我規劃了第一個網站，是關於網路設計和行銷的新創公司，即使有一些進步，但我因擔心而不敢推出。如果做得不好怎麼辦？潛在客戶會怎麼想？我的恐懼和完美主義戰勝了我，即使我不願意對自己承認。

所以，我去找了份工作。我還沒放棄希望，只是告訴自己，這份銷售工作會讓我學到事業起飛所需的技能——因為沒有第一個客戶，事業就不算是事業。

我在一家小型的投資經紀公司上班。那家公司的員工不像大城市裡常見的優雅男士，而是一群來自倫敦東部和南部的勞工階級小男生，他們沒讀過大學，但都能言善道，很有投資經理人的天分。那就是他們的不平等優勢。

每一天，我看著他們打了一通又一通的電話給投資人。遊戲的重點就是說服，而且大部分接電話的投資人根本不認識他們。在短短的幾分鐘內，他們要試著得到對方的注意，建立關係，然後想辦法說服對方把辛苦賺來的錢拿出來投資。

最瘋狂的是，這些投資人往往就這樣被說服了！我真不敢相信！為了得到這樣的結果，那些經理人的社交能力和情緒智商都要非常高。尤其是最高階的經理人，很善於看透他人的心思，了解他們想表達什麼，知道什麼時候該施壓，什麼時候該收手，而且基本上都能察覺出什麼時候應該結束交易。

我只做了幾個月，但我學到了很多事情。

之後我找到了另一份職務，也是在市區裡的銷售工作，但是在很多方面跟我第一份工作剛好相反。它是一間頗有名聲的大公司，只雇用大學畢業生。我在那兒學到了更多的顧問式行銷。

如果你要開啟自己的事業，銷售是一個很棒的起點，因為你所學到的技巧——尤其是對拒絕和「不」的恢復能力——絕對是不可或缺的。

具備了這些強大技能後，我辭掉白天的工作。我曾經雄心萬丈，也曾為這樣的自己感到挫折：我一直為老闆很努力工作，可是我卻無法在自己要為自己負責的事業裡（至少在剛開始的時候），具有同樣的專注力和努力。

我給自己一個月的時間，一定弄到第一位客戶和做成第一筆交易。

這次不一樣——我不但具備了新的技能，還為自己找了一位「問責合作夥伴」。這種夥伴他們自己也在開創事業，我和他彼此互相支持，也是彼此的軍師，督促對方建立事業，勿好逸惡勞。我的問責合作夥伴當時正在發展影片行銷公司（現在已經非常成功了）。

有了一個督促我保持責任的人，也設了新的決定，我在第一個月結束前得到了第一位客戶。雖然只有六百英鎊的業績，但看到錢跑進我的銀行戶頭裡，真是奇蹟啊。

在那之前，我也被拒絕過幾次，其中一位在幾個月後又回頭找我。我是透過家族朋友的介紹才認識他的，後來成為我最大的客戶之一，也變成了我的業師。他是個成功的千萬或億萬富豪，經營傳統企業，我從他那裡學到了很多。爭取他成為客戶並不容易，但是堅持、魅力和熱心，能夠增加我的價值和證明我的能力，最後終於爭取到他。

我的問責合作夥伴也開始有了生意，我倆的事業一起成長。那段時光就像魔法似的，我們倆心裡都擔心得要命，但依然督促彼此前進，我們常在可以俯瞰溫布萊球場的星巴克裡見面。

然而我很早就意識到，為客戶架設網站不可能讓我每個月以非勞動收入過活。所以我開始研究經常性收入的產品：搜尋引擎優化（意思是，讓人們在使用Google時速度可以更快）。那真的很費勁，我在這非管制市場上遇見許多魯莽之徒——我猜搜尋引擎優化專家多是光說不練的人。那是一場火的試煉，最後，當我快要失去一位大客戶時，我搞定了。靠著網路課程和不斷學習，我自己學會了。我終於發現和運用自己真正的天賦。

我一路上摸索著，花了兩年時間才發展出正式且獲益重大的可行事業（請參見第三部分「成長耕耘」）。

創業成了我的救星。我才不要找一份我不喜歡的職業，為某個老闆工作，看著時間過去，等著吃午餐。

有一天早晨起床時，我意識自己已經到達了巔峰，因為我了解到我的待辦事項只有一件：

一、開收據給客戶。

我的客戶很開心，因為他們得到了想要的結果。我也很開心，因為我建立了一個系統，裡頭的團隊來自世界各地，他們能夠很有效率地創作出客戶想要的結果。

我的夢想實現了，我能夠到世界各地旅遊和探索，遇到其他像我一樣的人，當他們在旅遊時，他們的公司還在為他們賺錢。

我終於展開依靠非勞動收入過活的生活型態，我在連續旅行兩週的期間裡，沒做任何工作。我過去兩年所流的血淚代價，終於有了成果。

「這是我掙來的。」當我躺在印度尼西亞的海灘上時，我這麼告訴自己，我對自己感到很滿意。很多人曾經警告過我，說我那些目標只是一場騙局，說我報名那個線上課程是浪費錢。許多人曾經告訴我，非勞動收入只是一場白日夢。我證明他們錯了，感覺真的好棒。

直到一件小事情發生，才阻斷了我的自我良好感覺。

二〇一五年我在菲律賓的首都馬尼拉，正要去會晤另一位「數位游牧者」，他是十九歲的德國少年，靠著網路行銷月入五位數。我逃離倫敦的可怕氣候，到那兒享受菲律賓人熱情的友善和興致。

當我走出 Airbnb 度假屋時，看到一些孩子站在街上，看起來髒兮兮，腳上沒穿鞋子，年齡不會超過九歲或十歲。

我經過他們身邊時，才意識到他們是在乞討，這太不尋常了。我不是說馬尼拉沒有貧窮的孩子，但不應該出現在這裡，這是馬尼拉最高級的區域，就在商業區的核心。我在那區域已經待了好幾天，之前都沒看到任何人乞討。

我是在大都會裡長大的，乞丐隨處可見，我們有福利制度、食物銀行和保障機制，以免他們餓死。然而，在菲律賓這地方，其中一個小女孩指著我手中快要喝光的 Evian 礦泉水，她好渴望喝點水。

我的心都碎了。

我把水遞給她，也把口袋裡的現金全掏出來了。那些孩子臉上真誠的笑容，加上他們所處的貧窮狀態，澈底撼動了我的心。一個小女孩只乞討一點水喝，令人於心不忍。

就在那時候，我意識到自己有多幸運，了解到我的不平等優勢。我的成功不只是因為努力工作和積極實現夢想，而是因為我成功前已經安排好一切了。

一九九一年，我爸媽從巴格達搬到倫敦，不久之後伊拉克因為受到經濟制裁，人民生活變得更糟，營養不良和通貨膨脹的情況處處可見。我原本可能是其中一個受苦的孩子，要是我爸媽當時沒有離開，誰曉得我的人生會變得怎麼樣。

身為一個以英文為母語的人，我接受教育、擁有社會保險、生活安定。我也有錢可以投資自己，修習線上課程，而且準備讓事業起飛的那一年，在高消費城市裡我還能住在不必付房租的家中。我有家族和朋友人脈，讓我爭取到第一位客戶。我情緒智商不錯，又有溝通及說服技巧，讓客戶願意從口袋裡掏錢出來使用我的新系統。

身為英國人和持有英國護照，讓我可以環遊世界，這點從一開始就給了我成為數位游牧者的自由。

同年稍晚，我在倫敦某個晚上的一場商業飯局裡，剛好坐在艾許旁邊，我們後來成為朋友。從他身上，我學到科技新創公司如何高速成長，也了解到處都是風險投資人的矽谷世界。艾許最近讓 Just Eat 進行首次公開募股，而且他也想投資它，所以我成為艾許在新創公司上的投資夥伴。

在我們一起審視新創公司的細節和討論怎麼才能讓它與眾不同時，研究出一個觀點，而且它後來也漸漸成長。我們共同建立一家精緻的新創公司，以不平等優勢的概念為基礎，為新創公司的創辦人進行訓練和諮詢業務，具有正向的社會影響力。我們很清楚自己有些什麼樣的優勢，才能建立起成功的新創事業。打那時起，我們受邀到世界各地演說。剛開始的時候，對於公開演說和訓練別人，我很緊張。不過我們得到很熱烈的回響，邀約也來自愈來愈遠的地方。

現在，無論是英國或世界各地，我已經在許多場合以策略、數位行銷和募集資金的知識和專業做過演說。我的事業之所以能夠成功，並不是因為與生俱來的聰慧或必然性：我失敗過，也有過錯誤的開始，而且必須和自己的定位戰鬥。不過我以敏銳的眼光觀察別人，抓住每一次自我學習的機會，觀察及分析新創公司的環境，並且向我在事業上遇到的每個人學習。那就是我的不平等優勢。

第三章
成功需要努力和運氣

「拚命工作。」—伊隆．馬斯克

「每個人的生命中都會有些運氣。」—華倫．巴菲特

說到財務成功和財富時，大致上有兩種主要說法或心態：

富人透過努力工作而致富；富人值得變得富有；他們的財務成功是靠他們自己**掙來**的。（英才論）

或者是：

富人透過超出他們掌控的隨機事件而致富；全都是因為運氣、時機、天賦和命運；他們的財務成功是**不勞而獲**的。（命運論）

你可以把這兩種心態想成光譜的兩端，然而現實的狀況，當然，就是穩穩地處於兩者中間。為了了解「財務成功來自何處」這項基本想法和信念，思考一下這兩個極端是有用的。

到目前為止，我們提出過第一種說法：英才制度的神話——光靠努力工作和能力就能成功。但是，如同伊凡．史匹格的故事，即使是他對於自己成功的分析，也大多歸因於運氣。

我們值得花點時間來仔細分析這個觀點：運氣。如果我們不是那麼了解的話，我們可能會抱怨和哀嘆自己少了某些不平等優勢，或者也會納悶，為什麼有些人天生就擁有那麼多的好條件。我們也許會無奈地說，如果一切全靠運氣，那麼我們也不必太費心了。

你已經讀到努力和運氣這兩者在我們倆的創業旅途中，扮演了多麼重要的角色。我們都極度地努力，但我們也非常幸運。我們都在一個富裕的國家長大，有安定、充滿關愛的家庭，這個國家有完善的教育制度，免費的國民健康服務，以及風險保障機制，雖然我們最後不會真的餓死在街頭或什麼的。我們很幸運在發展第一份事業時，可以免費住在爸媽的房子裡；很幸運家人沒有一堆健康問題，否則我們不可能不照顧他們；很幸運我們自己會想追求這些事業機會。艾許很幸運出生於英國，哈桑很幸運在倫敦而不是在他出生、被戰火蹂躪的國家中長大。

除了這些令我們感激不盡的基礎之外，還有許多在旅途中意外發現和幸運的事也幫了我們。艾許很幸運地在網路起飛前，在販售電腦和電腦相關書籍的商店找到一份工作。哈桑很幸運有錢可以投資線上商業課程，在倫敦有家族和朋友人脈讓他得到第一位客戶。

所以，所謂的運氣不一定是伊凡．史匹格那種權貴類型。事實上，你也可能遇到對你極為不利的情勢，但仍可以走出一條成功之路。歐普拉．溫芙蕾是一個關於運氣最好的例子——雖然她的故事看來一點兒也不幸運。

運氣與天賦

歐普拉．溫芙蕾的人生，是一段醜小鴨變天鵝的勵志故事。一個在一九五〇年代的密西西比鄉間由祖母扶養長大的黑人小女孩，從小受到性虐待心靈創傷，長大後成為北美第一個黑人億萬富豪，是世界上最有影響力的女性之一。

歐普拉的成長環境很困苦，小時候穿不起洋裝，常常穿著馬鈴薯袋，她還記得自己看著祖母把衣服放到水裡煮沸，清理乾淨。她的童年生活很不安定，由幾個照顧者輪流照料，成長環境中唯一不變的，就是要常常搬去和另一個人住。從她的祖母家搬到媽媽家，再搬到爸爸家，然後再輪一遍，歐普拉的童年幾乎不能再糟了。

除了貧窮和不安定外，歐普拉也必須克服許多情緒上的問題。她妹妹的膚色比較淺，所以比較受媽媽寵愛。她媽媽是有錢白人家庭中的女傭，會讓歐普拉睡在走廊上，而她和歐普拉的妹妹則睡在房間裡。更糟的是，歐普拉在九歲的時候受到猥褻。這事件只是一個開端，一直持續到她青少年初期，當時她還生下一個早產兒——兩週後便死了。

你也許聽過她部分的悲慘童年——除非你過著與世隔絕的生活——你也知道她了不起的成功故事。

因此重點是：在這麼明顯的劣勢之下，她是怎麼變得那麼有名又那麼成功的？

一個早年生活這麼悲慘、處於劣勢的非裔美國小女孩，到底怎麼變成世界上最有影響力的人之一——據說她還隻手影響了百萬張選票支持巴拉克．歐巴馬贏得二〇〇八年的選舉。

在檢視他人的成功時，你會發現不是只有單一因素。以歐普拉的例子而言，原因是她與生俱來的能力，她是個天才兒童。

小時候，歐普拉的祖母定期帶她上教堂，三歲的時候，祖母就已經教會她閱讀《聖經》了。教會裡的人暱稱她為「牧師」，因為她能夠毫無錯誤背出《聖經》的內容。

雖然一開始是無意的，但歐普拉一點一滴練就出讓她數十年後可以打動聽眾的口才。甚至，她的祖母，後來還有她的爸爸，會開車帶她到附近每一間教堂，讓她在眾人面前演講。會眾鼓噪著要聽這個不可思議的孩子像領袖般地演說。

她說：「我在八歲的時候就已經是一流的演講者，我為每一個婦女團體、每一場宴會、每一個教堂大型集會演講。」

在學校，她因為優異的閱讀能力而跳級就讀。她的父親定期帶她到圖書館，她非常喜歡圖書館，書讓她遠離生活的艱辛和創傷。

長時間待在圖書館、撰寫讀書心得、向數百人佈道和演講等，磨練出她公開演講的才能——這些經驗是大部分孩子從未經歷過的，或是沒有那樣的天分或沒興趣。

歐普拉在她十歲前就經歷過這些練習了，而且很快就累積了一萬小時的練習。但她的歷練依然不曾停歇。她因為演講比賽獲勝，而贏得田納西州立大學的全額獎學金。她年方十七便在一個廣播節目中嶄露頭角——領全職薪水。最後她終於得到一個全國聯播的電視節目。

不過，這一切是從哪兒開始的？努力與付出時間練習，是的。但是還有純粹的運氣，即她的天賦，以及她培養這些能力的強烈興趣，再加上照顧者和老師鼓勵，讓她大放異彩。可以說，歐普拉是因為渴望母親的關注，而促使她從聽眾中尋求肯定和注意，無論是在教堂、廣播節目或後來的電視節目。

不是每個人都有歐普拉那種與生俱來的魅力和溝通技巧，不是每個人從小都有一個辛勤教他們閱讀的祖母，不是每個人都有一位定期帶他們上圖書館或開車到處送他們去演講和培養才能的父親，也不是每一個擁有這些機會的人都有歐普拉那樣的興致。

歐普拉日間電視節目成功的祕密之一，是她的讀寫和口說能力充滿了同情、憐憫與情感，這也許是因為她受創傷的童年而培養出來的。不安定的童年把她的親身經驗轉變成真誠的憐憫，以及強而有力的情緒智商。這個例子突顯出本書重要的核心概念：每一種劣勢都有可能對應一項優勢，反之亦然。你的條件和不平等優勢，無論看起來是正面或負面，都可能是利弊互現的。

歐普拉的人生已經是公開的故事了，我們可以看到：如果沒有與生俱來的天賦，她不會是今天這個樣子。固有的天賦碰上能夠栽培孩子的長輩，這些事情都在我們的掌控之外，所以它是屬於人生中不可測的部分和運氣。

以歐普拉來做例子，它闡明了我們所謂的運氣的意思——它不一定都是正面的「幸運」。歐普拉艱苦的經歷，與正面的經歷都同樣重要，都和她的生命密不可分，兩者結合在一起造就了今日的她，那就是運氣。同樣地，光有運氣是不夠的，還看她憑藉運氣做了什麼——她利用了人生中的那些機會，讓它們成為施展她的抱負和事業的重要元素。

另一個關於天賦的著名例子是老虎·伍茲。伍茲在高爾夫方面的天賦很早就被他爸爸發現，因為他學會走路之前，就會揮高爾夫球桿了！兩歲的時候，伍茲出現在電視上表演高爾夫球技，眾人為他歡呼，稱他為奇才。他在三歲的時候就打出九洞四十八桿的成績，這種成績連許多成年人都要肅然起敬。果不其然，他的天賦和他父親對他的栽培，造就他的傑出生涯。

最近市面上掀起了一股自我成長類書籍和影片的風潮，它們都說沒有天賦這種東西，一切只能靠努力、練習和投入「一萬個小時」。

錯！

我們舉這些例子來證明，天賦或固有的才能絕對存在。假如我們檢視那些極端成功的案例，通常就是成功者培養自己的技能，然後透過一萬個小時的練習將技能化為超級力量。

華倫．巴菲特是世界上最富有的人之一，也是歷史上最成功的投資者，他把自己的成功歸因於好運和天賦：「我的運氣很好，剛好在一九三〇年代的美國出生……不是我選擇了美國！而且對於處理某些事務有適當的基因……以我的例子而言，我對資本配置有點天分。」

所以，巴菲特出生的地點和時機，以及他對資產配置（投資）的天分，是他認為自己成功的主要因素，而那些要素完全不在他的掌控之中。他接著說：「以我的例子而言，我出生於一九三〇年，有兩個同樣有才智和衝勁的姐妹，只是她們沒有同樣的機會……如果我是黑人，我的未來就完全不一樣。如果我是女性，我的未來也會完全不一樣。」

所以，他很幸運自己生為白人，並且有獲利的基因。

華倫．巴菲特有努力過嗎？他有投入過一萬個小時嗎？當然有。

努力扮演了很重要的角色，因為當天才不努力時，努力的人就會擊敗天才。可是當這兩者結合在一起，就是你獲得火箭燃料的時候。

我們更進一步問：「**為什麼**華倫．巴菲特這麼努力？」答案是，因為他天生具有投資的興趣。換句話說，他**愛**投資。對某件事有天賦，我們就有興趣參與它，去執行它，然後為它著迷。這些成功人士當然愛他們有天分的事，被它吸引，所以才會去做。當別人說你必須找到你的熱情時，就是這個意思。那就是歐普拉如何成為現在的她，以及伍茲和巴菲特如何成功的原因。同樣的道理也適用於幾乎每一則超級成功的故事：比爾．蓋茲、馬克．祖克伯、賴利．佩吉和謝爾蓋．布林，以及理查．布蘭森。

那些超凡的成功便是這麼造就出來的：很幸運地擁有某項天賦，再加上努力——通常努力對他們來說很容易，因為他們天生就對自己擅長的事情感興趣，並且懷有熱情和執著，也就是說，他們很樂於投入大量的時間。

華倫．巴菲特說：「我必須做我喜歡的事情，沒有什麼比這更幸運了……我每天早上雀躍著去工作，每一天都充滿刺激。」

相較之下，根據二〇一七年蓋洛普的一份匿名調查，世界上有百分之八十五的工作者討厭他們的工作。該報告指出：「世界上許多人討厭他們的工作。」在英國，喜愛自己工作的人只有少得可憐的百分之十七。

所以，並非所有的人都那麼幸運，剛好喜歡自己的工作，或是了解自己的「熱情」和「天賦」是什麼。關鍵是（我們稍後會討論到），我們應該把焦點放在對別人有加分的事情上，然後測試它。如此一來，你便能找出有價值的事（也就是能讓你得到報酬的事情，無論你是企業家或員工的身分），並且從中獲得成就感。

想太多關於運氣的事，也許會讓人感到挫折或失去信心，因為它立即粉碎了一個現代人的重要信念：我們能夠控制自己的人生嗎？

至於公平這件事，可能也會令我們感到不安。伊凡．史匹格的高社經地位讓他天生擁有那麼多不平等優勢，這怎麼會公平？也許你甚至會說，歐普拉天生就這麼有活力和天賦異稟，這怎麼會公平？

人生本來就不公平。

人生太偶然和無常，每個人的際遇都不一樣。不是每個人都有同樣的機會，也不是每個人都能抓住迎面而來的機會。這就是為什麼我們必須對他人和自己抱有同情心，因為人生最後的結果並不一定如我們所期待。

這樣的觀念，我們往往要花很長一段時間才能適應，一部分原因是在我們的文化裡，英才制度（**光靠**努力和能力就能成功的觀念）的神話太普及了。

如果你真的相信我們生活在一個純粹的英才制度中，是很危險的事，因為它深深影響了我們對他人社會地位的價值判斷——也就是一種「應得的」觀念。哲人艾倫．狄波頓很精闢地指出：

……在中世紀的英格蘭，如果你遇到一個窮人，大家會說他是倒楣鬼——好運不庇祐他。時至今日，尤其是生活在純粹英才制度裡的人，他們所習以為常的這種觀念更是甚囂塵上。以美國為例，如果你遇到某個社會底層的人，大家可能刻薄地形容他為「失敗者」。

這種惡毒的信仰在已發展國家裡，是導致憂鬱和社會地位焦慮的根源。我們活在一場與心理健康議題有關的時疫中，包括憂鬱、焦慮，甚至自殺。有部分原因是，當我們看到報章雜誌和社群網站上（如 Instagram）的富人和名人時，就心生嚮往。就像我們看到模特兒經過專業打燈、調整角度和修過的漂亮照片，心裡的感覺會很糟，因為相較之下，我們自慚形穢。同理，我們看到企業名人和新創公司紅人時，感受也是一樣。

當然，我們可以從這些故事學到很多。但是，「只要夠努力就能心想事成」這種觀念，讓達不到目標的人感受到太大的壓力和罪惡感。業創壓力和過度疲勞，普遍得不得了，照顧好自己、你的身心健康，是非常重要的。我們必須不受狹隘的外在成就來界定自己的成功，才能找到幸福。我們第三部分討論關於你的「為什麼」時，會說得更詳盡。

對於那些以前就深信自我成長和奮發努力的觀念的人來說，他們很難接受「運氣的存在和力量」這種事，他們使盡全力以努力就會成功的思維來辯解（但往往造成理想破滅）。自我成長和商管類書籍要談論的是如何控制你自己的人生。但是一個人對於他的出生、童年和早年的教育品質，能有什麼掌控力？

一點也沒有。

關鍵在於我們應該**同時**從這兩方面來檢視世界：財務成功是透過努力掙來的；財務成功純粹只是運氣。那麼，讓我們在「努力必有回報」和「運氣也很重要」兩種觀念之間取得平衡吧。

把這兩種心態當作你的心智工具：有時你可以用信念當作力量，支撐自己朝未來前進；有時你可以想，想幸運、運氣和命運的角色，並且感激你所擁有的，而不要對不如期望的結果感到沮喪。

如果你不想崇拜超凡成功的極少數特例——世界上的巴菲特們、歐普拉們和祖克伯們——也不認為表現不好的人就是失敗者、他們一切的遭遇都是活該，那麼，第二種心態（命運和運氣）也是很有價值的。它能讓我們擁有同情心，在成功時能夠抗拒自大和自鳴得意的優越感。在看到別人比我們好的時候，也能幫助我們抵抗自卑感和嫉妒心。

在《隨機騙局》一書中，統計學家納西姆·尼可拉斯·塔雷伯寫道：「適度的成功可以用技能和辛勞來解釋，超級的成功要歸因於（統計學上的）變異。」（塔雷伯把運氣叫做「變異」。）所以我們必須記住，所有的事情都在我們的控制之外。這個道理完整涵蓋在「寧靜禱文」之中：

神啊，請賜予我寧靜的心，去接受我所不能改變的事情，請賜予我勇氣，去改變我能夠改變的事情，請賜予我智慧，去分辨這兩者的不同。

禱文出自於神學家雷合．尼布之筆，它見解精闢地提醒我們生命中的現實，以及我們應該把注意力和焦點放在哪裡。

如果你仍然沒被說服，我們要問你一個問題：你認識多少人一輩子認真辛苦工作，但仍然要為財務發愁？

或者反過來說，你認識多少有權力的成功人士是不配得到他們的地位的？有太多能力不足的人也把自己推上了成功的位置。我確信，我們都曾為十足無能、甚或為給公司帶來一堆問題的老闆工作過。

記住，運氣並沒有什麼**不對**。事實上，我們還相當喜歡它。我們希望你也擁有它（而且，奇怪的是，有研究證實你可以做一些事情來提升你的運氣，我們稍後會提到）。如果我們對人生中顯著的巧合、機緣和天時地利的事件只是輕描淡寫，那麼別人就不會知道成功的真正代價是什麼。沒察覺到運氣的力量的人，可能會變成心懷怨恨，他們心裡疑惑著，為什麼努力了一輩子卻無法達到目標。

同樣地，如果你沒有察覺到付出心血和努力工作可能帶來的成果，以及忽略了可以用來改善人生的力量，那麼你可能也會變得怨恨、挫敗、失去信心和抱持受害者心態，而無法看見你所擁有的優勢，因為你只注意到自己沒有的東西。

真相是，你的成功是一堆數不清的因素、時機和決定的結合。不平等優勢的概念，以及MILES架構（參見第五章），會幫你找出該專注於哪些事情，也幫你規劃出一條你該走的道路。更重要的是，它能幫你決定接下來要採取哪些行動。

我們想教你如何聰明工作。我們希望從現在起，你在新創事業或職業生涯中，具備現階段的力量和不平等優勢的基礎。

如果你已經苦心醞釀很久了，想實現它，但是仍然達不到你要的結果，有可能是因為你沒有運用自己的不平等優勢。

如果你下定決心開創自己的事業，你可以藉著找出自己的不平等優勢，並發揮其重要功效，**大幅**提升成功的機會。

如果你在一家大型機構上班，想要維持你的主導權，提升市場占有率，或是推出新產品，你也需要在個人和公司策略上多加了解和善用你的不平等優勢。

換句話說，不平等優勢能夠以多種形式存在，並且在你每一個階段的生涯或事業道路上，助你一臂之力。了解它們、培養它們，以及發揮它們最大的影響力，就是以最有力的方法、更精明地工作和籌謀佈局，協助你走向成功。

但是，我們所說的「不平等優勢」到底是什麼呢？

第四章
什麼是不平等優勢

想像兩個條件相同的人申請同一份工作，莎莉和珍娜。她們有同樣的經歷、同樣的資格和同樣的每一項條件。

莎莉用一般的方式申請工作，即透過線上窗口或求職應用程式。她花時間寫了一份漂亮的求職信，也花了好幾個小時撰寫她的履歷——編排、遣詞用字，希望讓它看起來很出色。然後她點擊提交鍵，做出祈禱的手勢，希望會有好消息。

另一方面，珍娜就沒費那麼多工夫。她有個朋友在那家公司上班，朋友向老闆推薦她，並且把她的履歷直接遞給老闆。

你認為誰比較有機會得到那份工作？

也許你馬上就有答案了。因為人脈的關係，珍娜由在那家公司工作的朋友推薦，所以比較有機會。

從宏觀的角度來看，那是不平等優勢中最簡單的一個例子。珍娜朋友的推薦，提高了她在老闆中心的**地位**，對她大有幫助。

現在想像，假如大衛也來求職，而他媽媽剛好是這間公司的資深經理，結果會怎麼樣呢？誰占了上風？我們再進一步好了——假如大衛的媽媽是那間公司的老闆呢？

現在，不平等優勢更顯著了。

我們都希望這個世界不是這樣運作的，但是，我們也知道它事實上是。這個例子很好懂，但是它也突顯出有些不平等優勢可能被濫用。整體而言，我們應該要提升社會的公平性，但是記住：我們絕對不可能完全根絕促成這類不平等優勢的偏見。所以，反之，我們要讓不平等優勢發揮它最大的影響力。（當然在不違反道德原則下！）

人生是不公平的。但是，如果你因為人生中的不公平遭遇，而懷著受害者心態，阻止自己努力達成目標和實現夢想，那麼你只是在畫地自限。

我們的目標並不是要你認清這個世界後而感到絕望，或是要你認定工作上若有任何不公平因素，便不值得一試。相反地，我們是要幫助你了解一路上可能遇到的障礙，以及擺在你面前、但你也許沒察覺到的捷徑。這就像是逆風一樣——如果你直接逆風騎去，會發現比順風推著你前進還要困難得多。如果你事先知道風向，那麼便可以順著最有利的方向規劃你的自行車之旅。我們想做的，就是幫你找到方向。

努力工作、下定決心、堅持不懈是必要條件，那是一定的。然而，成功也來自於不是你能即時和直接掌控的、與你切身相關且後來造成影響的因素。我們把這些因素稱做不平等優勢。

不平等優勢是在事業上把你置於有利局面的一種條件、資產或情勢。

而且，沒錯，我們**都**具備不平等優勢。

你的不平等優勢也許是你出生的地方，你認識的人，和你擁有的錢財。同樣地，你的不平等優勢可以是你的興趣、你的技能、天賦或專業、給予你對事情獨到見解的人生經歷、吸引關鍵聽眾的能力，或是把公司建立在一個極具優勢的地點。

不平等優勢的特性：

你的不平等優勢不能被輕易複製或購得；你的不平等優勢是得天獨厚的。

伊凡·史匹格的商業智慧和人際技巧是不能被輕易複製的，因為他從小就吸收了父母和業師花了數十年才能學到的東西。歐普拉·溫芙蕾得天獨厚，在小時候就有好幾群聽眾，反觀今日，許多父母因為太忙碌而無法輔導孩子嘗試去演講。還有艾許的及時專業和對電子商務的獨到眼光，使得搜尋引擎優化和網路行銷成為他獨具的專業。

現在，如果你已經有了一家新創公司，你也許會想：那我們呢？我們的不平等優勢是什麼？

對於任何在初創階段的新創公司來說，其不平等優勢就是每個創辦人的不平等優勢的總和。

問問你自己：我具備什麼對自己有利的條件，而且是別人少有的？如果你有共同創辦人，他／她具備什麼樣的個人優勢？

你所搭檔的人，他／她的不平等優勢最好能與你的相輔相成。

完全可以肯定的是，每一家成功的公司都從創辦人的起點開始，那也許是財力、才智、專業、地位或人脈。

你的不平等優勢就是你個人的經濟護城河

不平等優勢類似於華倫・巴菲特所說的「經濟護城河」。身為世界上最富有和空前成功的投資者，常常有人問他，他怎麼有本事挑選到常勝股？他的答案是，他所投資的企業必須擁有強大、禁得起考驗和具競爭力的優勢，而具競爭力的優勢可以被視為圍繞著企業的護城河，為它抵禦競爭者。

我相信巴菲特的理論不只適用於企業，也適用於每一個人。

具競爭力的優勢vs.不平等優勢

投資者和風險投資人希望聽到的是「你個人的優越條件」，也就是你的不平等優勢。如果你無法做到，或許就難以得到你想要的資金。

初創階段的新創公司，創辦人的決定影響很大，再怎麼強調也不誇張：投資人為什麼想面試你（創辦人）？你決定公司的方向，你建立公司的文化。那就是為什麼我們要那麼著重於創辦人，以及創辦人一開始能為公司帶來什麼好處。

隨著公司的成長和員工的增加，以及制度趨於完備，創辦人的影響力會漸漸減小。企業會增加總員工數，也會發展出自己的系統、政策和標準作業程序。從這時候起，公司所具備的已經不叫做不平等優勢，而是禁得起考驗的競爭力優勢（以傳統商業學派的觀念而言）。競爭力優勢之於企業，就像不平等優勢之於個人和初創階段的新創公司。這時的公司，擁有它的品牌力量、它在規模上的組織優勢、現金流、客戶資料庫、供應商和合作夥伴。身為創辦人或董事，你的工作是檢視公司缺少什麼，然後帶進相關人才，或擴張你的運作規模，或要求你的公關團隊在推出產品上加一點新巧思。較大的機構和公司應該要記住，每一次新產品的推出都以開發一家新創公司那樣處理——循序漸進、反覆改進——並且把團隊成員視為創辦人。他們應該要問自己，他們的不平等優勢是什麼？

然而在一開始的時候，新創公司是隨著創辦人或共同創辦人起步的，而且也只能跟隨他們。

你的不平等優勢就是你的槓桿力量

引述阿基米德的名言：「給我一個支點和一根夠長的槓桿，我就能移動地球。」換句話說，利用**槓桿原理**，你可以使自己的影響力級數般成長，達成你的目標。

把你的不平等優勢影響力發揮到最大，你努力的方向就對了。如同我們提過的，工作很努力但不聰明，是徒勞無益的。當你努力工作時，你所投入的是很長的時間和許多的心力和體力。然而當你聰明工作時，是用正確的方式引導和翻倍那些心力和時間，打造出成功的事業。我們每個人一天都只有二十四小時，重點是，要知道怎麼善用時間。了解和運用你的不平等優勢，就能得到強大的槓桿力量。

你的不平等優勢可以層層相疊

不平等優勢（就跟劣勢一樣）可以層層相疊，產生雪球效應。它們不只是加總，往往還有**相乘**效應。換句話說，如果你所聚積的不平等優勢愈多，而且愈早培養它們的話，它們就會愈強大。

將不平等優勢影響力發揮到最大時，就會產生更多成功機會的正向回饋。就像「複利的魔法」一樣，只要早點開始，隨著時間過去，便會產生巨大的成功。同樣的道理，不平等優勢和初期的成功，會形成更強大的不平等優勢，那樣的成功又會造成更大的成功。

麥爾康．葛拉威爾在他開創性的著作《異數：超凡與平凡的界線在哪裡？》中有提到這種良性循環。書中所舉的其中一個例子，是加拿大曲棍球運動員，以實際生日為準，他們在九或十歲時就加入青年聯盟。他說，那些出生在前面月份的十歲孩子表現得比較好，因為他們年紀比較大且發展得較早、較多，所以比同年在後面月份出生的孩子更高大、更強壯。這些條件使他們獲到更多的訓練和練習，純粹是因為他們出生在哪個月份的運氣。這件事已被證實具有持續的影響力，而且也是為什麼較多專業曲棍球運動員出生在一年裡前三個月份。

這叫做「相對年齡效應」，經證實在學校裡也一樣。一些研究顯示，它對人生的結果有長期的影響。出生在學期末的人，舉例來說，八月，上大學的機會比出生在九月的人少得多。

葛拉威爾在《異數》裡的結論是這麼說的（以下強調部分由本書作者標明）：

> **那些成功的人，正是那些最有可能進一步得到成功機會的人**。得到最多減稅的人是富人，得到最好的指導和最多關注的是表現最好的學生。得到最多訓練和練習的是九歲裡頭最大的孩子和十歲的孩子。**成功就是社會學家所說的「累積優勢」的結果**。

空前成功是每個人夢寐以求的事。一路滾下山的雪球會愈滾愈重，愈滾愈大。當它的速度加快之後，它就會更快沾到更多的雪，一開始只有拳頭般大小，最後卻變成一顆巨大的雪球。

這便是成功的本質，這也是為什麼在初始條件上的小改變——像是贏得華倫．巴菲特所說的「卵巢樂透」（出生在對的家庭、對的地方和對的時間的運氣），然後享受其他的不平等優勢——就能夠在未來的成功上取得巨大的差異。

一家生意興隆的餐廳，會吸引更多客戶來訂位。

一檔票房成功的電影，會吸引更多人來觀賞。

一本暢銷書，會吸引更多的讀者。

一段有許多人觀看過的 YouTube 影片，會吸引更多人來觀看。

在這樣的模式下，你所擁有的不平等優勢愈多，就愈可能累積到更多的不平等優勢。關鍵在於，要盡快確認並培養你的不平等優勢，無論你的年齡為何。

不平等優勢能夠提升你的速度

不平等優勢是走向成功的捷徑，它的速度你快到難以置信。對於新創公司而言，速度是最重要的一部分，因為你必須非常迅速更新（在每個版本中逐漸改進）和測試不同的產品、不同的行銷方式、不同的策略，然後看看市場的反應如何。你必須學習、做策略轉向，然後看看什麼會受到市場的歡迎。產品有受歡迎度，公司才能成長，而快速成長才是重點。

Y Combinator 常被譽為世界上最強大的新創公司搖籃，它的共同創辦人保羅·葛拉罕說：「新創＝成長。一家新創公司在設計上就是要迅速成長。」

相同地，如果你是一家大型公司的主管，且你不想被那些緊跟在後、富有革新精神的小新創公司取代，那麼你也需要那種**速度**。

找出你的不平等優勢，並發揮它們最大的影響力，你就能得到速度——那正是你和你的團隊所需要的火箭。

不平等優勢就是特權，或說它們就是建立在特權的基礎上。舉例來說，出生在一個富裕的已開發國家就是一種不平等優勢，而擁有特殊專業技能也是一種不平等優勢。專業技能乍看像是最菁英的和「公平」的不平等優勢，但事實上它也是建立在運氣、機會，或是發展該專業的基本教育基礎上。那也是為什麼我們認為，在我們的人生中所培養出來的行銷和成長專業技能是不平等優勢的原因。

你經由努力所掙來的一切，都是由於你幸運地碰上了哪些人、事、物的基礎，無論是你的出生地、出生的那個歷史時機、成長過程中得到的關愛、自小所受的教育、培養出來的人際關係、健康狀況，甚至是你的內在性格，包括你的興趣和天賦。

你可以為自己培養出不平等優勢，就看你從哪方面著手——你可以接受教育、培養專業技能、搬到別的城市或國家、結交朋友、擴展你的人脈，而且最重要的是，改變你的心態。

這些都是你可以預先培養的不平等優勢。

不確定你有什麼不平等優勢嗎？不只你這麼問。信不信由你，大多數人都**不知道**他們的優勢是什麼，而且如果他們覺得自己有什麼優勢，通常都局限於**技能**方面。技能和專業很重要，但是不平等優勢絕不僅於此。

這就是為什麼我們要研發出一套開創性的概念工具：MILES架構，它根據我們多年來跨學科的研究、分析，和我們的個人經驗，以及世界各地無數新創公司創辦人的經驗。它不是你在幾乎所有的商管和自我成長書籍中可以看到的那種一體適用的典型，相反地，它以你的環境為架構和起點，擬出你可以進行的計畫和策略、如何扮演你的角色，以及將你的力量和環境做最充分的利用。

第二部

檢視自己

第五章 MILES 架構

了解你自己。——蘇格拉底

「在夢想未來或做規劃前，你必須說清楚你已經具備哪些有利條件——企業家就是這麼做的。」這段話摘錄自 LinkedIn 的共同創辦人里德．霍夫曼的書《第一次工作就該懂》。他和共同作者班．卡斯諾查試著闡明，如果將新創事業原理直接應用在個人生涯上，到底能讓一個人產生多大的轉變。他們所謂的「企業家就是這麼

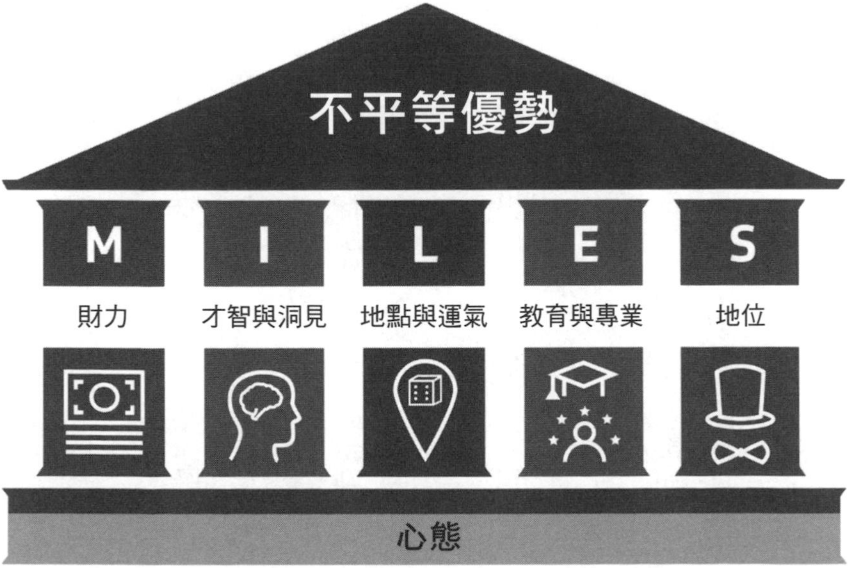

做的」，是假設**所有的**企業家在事業上投注任何的嘗試和努力之前，都會先檢視自己。

然而，在我們研究和指導企業家的第一手經驗裡，我們發現很少企業家真的能做到「檢視自己」，更別說我們推薦的那套方式。

了解你自己是非常重要的，因為自我覺察能讓你的人生道路變得更明確。熟悉你自己的動機、性格和心態，就能了解和培養你的不平等優勢；也能讓你培養更多的動機和心態，甚至培養其他的不平等優勢。

我們的基本概念是，在任何範疇中，那些格外成功的人（包括那些眾所皆知的新創公司創辦人），他們的成功來自於一些條件的結合：能力、得天獨厚的機會，以及出生在能夠支持他們天賦的特殊家庭和文化優勢。

一直以來，坊間都沒有一套模式，可以協助你全面檢視和找出自己的有利條件（包括內在和外在的、練就的和天生的、心理的和環境的），直到現在。這就是 MILES 架構的真正目的。

MILES 架構是一套強大的工具，可以讓你看清楚自己的不平等優勢。它會告訴你，你該不該把焦點放在地緣優勢，你所接受的教育是否讓你比他人更具優勢，或是你的真實力量有沒有完全發揮出來。

架構

不平等優勢不只跟你的力量有關——你常常會在商管和自我成長類書籍中讀到關於力量的事。不平等優勢的特殊之處在於，它也考量你的**環境**。

經由接觸許多、並廣泛研究和觀察那些成功的人，尤其是企業家，我們把不平等優勢區分為五大類，形成了 MILES 架構。它們是：

M＝財力（Money）
I＝才智與洞見（Intelligence and Insight）
L＝地點與運氣（Location and Luck）
E＝教育與專業（Education and Expertise）
S＝地位（Status）

財力是你擁有的資本，或是你可以輕易募集到的資金。

才智與洞見包括「很會讀書」、社交智商和情緒智商，以及創造力。

地點與運氣就是在對的地點和對的時間。

教育與專業是你的學校教育和自修課程，讓你學習到才智和技術上的技能。

地位指的是你所處的社會脈絡，包括人際網絡和人脈。它是你的「個人品牌」——換句話說，就是別人怎麼看你。它也包括你的內在狀況，即你的自信和自尊。

請記住，你不必具備所有這些不平等優勢才能成功。最好的策略是，跟那些和你的不平等優勢互補的人合夥。

所有這些優勢都建立在**心態**的基礎上，那是你最能掌控的條件，也是你最能發揮重要功效的資產。我們利用下圖來闡明。

你最常聽到的不平等優勢可能是財力，但那不是唯一。我們這麼努力研究這個架構，其中一個原因就是不要把「財力不足」當作藉口。例如 WhatsApp 的創辦人簡．庫姆，他的故事可是和伊凡．史匹格大相逕庭的。

簡現在是一位科技新創公司巨擘，但他在一開始的時候卻不是這樣的。在他搬到由社會福利機構提供的房子時，沒人能預言，有一天他的身價淨值會高達大約一百億美元。他是怎麼辦到的？他不只是「努力工作」，而且還將自己的不平等優勢影響力發揮到最大。

以簡的例子來說，他在生涯初期將自己身為電腦程式設計師的極強專業技能，藉著矽谷一家惡名昭彰的駭客俱樂部而發揮到極限。最重要的是，自幼在烏克蘭共產社會中成長的他，具有強烈的隱私概念和反廣告理念，WhatsApp 的設計從沒考量過廣告，這是它大受歡迎的原因之一。

對於新創公司和小型企業來說，成功不只是公司具有符合ＭＢＡ所教的那些框架和策略，而且也不是要更

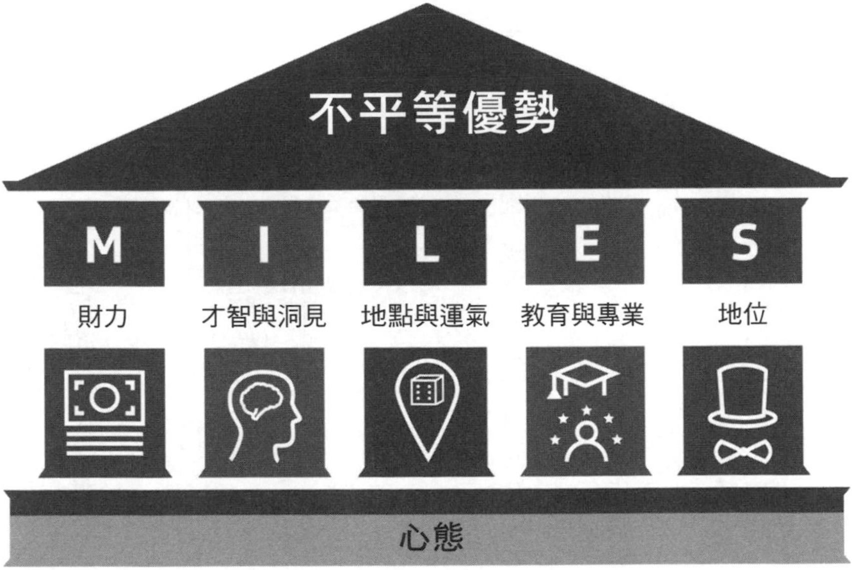

MILES 架構

好、更快和更廉價——這些都不是真正的不平等優勢，因為它們禁不起考驗。然而當新創團隊擁有財力、才智與洞見、地點與運氣、教育與專業技能，以及地位的結合性優勢時，那就是他們真正的不平等優勢。

光知道什麼是不平等優勢還不夠——你要找出自己的不平等優勢。MILLES 架構和接下來每章結束前的練習段落，都能提供你協助，但是，從以下的問題開始也很重要，在你檢視自己的不平等優勢前，這些問題能幫你判定你的動力基礎：動機和性格。

你的動機——為什麼你要做現在這份工作？

你心態最重要的核心，就是「為什麼」。為什麼你要奮力達成想要的目標？為什麼要成為新創公司創辦人和企業家？

西蒙．斯內克在宣揚他的「以為什麼為起點」的概念時指出，所有的公司首先應該要思考他們「為什麼要存在」，然後將那個目的注入他們為客戶製做的每一件商品裡。

身為一位企業家或創辦人，具備「為什麼」的認知是非常重要的。你行動的核心中（無論你有沒有意識到），存在一個深藏的信念和目的感，指引你做出每一個選擇。你的「為什麼」可能隨著時間和你的經歷而改變，但是身為一個人，說到底，我們還是會受到部分的核心動機驅使。當你展開創業旅程或著手進行你承接的任何企畫時，問問你自己，**為什麼**要做這件事？**為什麼**要給自己設定一個這樣的目標？

由於不平等優勢是機運的和分佈不均的，就**你為自己界定的成功**而言，你的「為什麼」特別重要。理想上，你的「為什麼」必須只源自於你，因為如果是受到別人的期待而驅動，或者需要別人的許可，即使你成功了，也只是一種折磨。問你自己這個問題，能幫你判定自己想奮力達成目標的真實動機。

我們在第三部分會討論到更多關於你的「為什麼」，屆時我們會評估你創立公司的內在和外在動機。不過，現在我們在這一點上已經談得夠多了，應該讓你的潛意識好好思考這個問題。

你屬於怎樣的性格？

數十年來，心理學家一直致力於研究這個問題的答案。在心理學上最廣被接受的性格分類法，是「五大」性格特質：

- 開放——你對新的經驗有多開放，以及你多麼具有想像力。
- 勤勉——你多有條理、自律和目標取向。

- 外向——你多麼樂於花時間與他人相處。
- 親和——你有多友善、同情他人和樂於合作。
- 神經質——你非常容易擔心、焦慮或緊張。

深入理解自己的性格，有助於你運用自己的力量，並且知道自己在哪些方面可能需要下更多的功夫。舉例來說，哈桑的個性內向，在外向特質上比艾許低很多分，但是多認識人、擴展人際網絡和建立人際關係，是身為企業家不可或缺的。他知道在多認識人和談話方面，自己必須更加主動。

另一方面，艾許在開放特質上得分相當高，高到他認為自己對新的機會和他自己一直誕生的新點子說「不」都很困難。必須量管他想做的一大堆企畫，這樣他才能更專注，才能成為一個更有生產力和影響力的企業家。

研究顯示，沒有一種性格是完美的企業家性格。然而，重要的是，你要知道自己的處境，才能做出適當的行動。最**不適合**企業家的特質，也許是高度神經質。如果你是高度神經質的人，你可能不會喜歡當個企業家，因為企業家的壓力很多，凡事充滿不確定性。你會需要一劑情緒安定劑，因為在開創和經營事業上，會遇到各種難以想像的起起落落。也許你可以考慮換個風險較小的工作，對於你的情緒會比較好。

在神經質之後，第一個該考量的特質是有遠見，它跟開放特質很相似。對於企業家來說，好奇心、新點子，和不怕嘗試新事物是很重要的。其他的特質比較沒有這方面的影響，尤其你可以找一個在特質上能夠補強你弱點的夥伴。舉例來說，如果你非常內向，可以找一個較外向的夥伴。在勤勉的特質上，也是同樣的道理：如果你做事沒什麼條理（但較有遠見和創造力），找一個有條理的夥伴對你會有幫助。

協助你更了解自己性格的另一項常用工具，是邁爾斯—布里格斯性格分類法（Myers-Briggs assessment），它也許是全球最普遍的性格測驗，在人們的網路自傳、履歷，甚至是名片上，都會看到。

網路上有許多很棒的免費測驗，當然糟糕的也不少。好好研究一番，那種社群媒體上的愚蠢測驗就不要做了，找幾個有研究背景的優質測驗來試試，測驗後好好思考它對你的評價，以及這些評價怎樣從你的生命經驗中得到印證。

對於測驗結果也別太擔心，尤其當你發現自己的看法和結果不一致時。那些結果只是指標。這些測驗仍在改進當中，而且會因時間而改變，測驗結果甚至取決於你測驗那天的心情。著重點應該是，做測驗後所誘發出來的自我反省。這種反省非常有助於你思考，自己適合以怎樣的途徑走向成功、創立哪種類型的公司、哪種企業，甚至在公司初創階段，是否身兼員工以降低風險，或是把它當作副業，同時維持白天的工作。跟了解你的人商量也很重要，無論是家人、朋友、同事或室友。他們會給你很棒的見解。

進入 MILES 架構前，我們再次提一下它的基礎。如果缺少了這個基礎，即使你擁有世界上所有的不平等優勢，你仍會發現自己既不快樂也不成功。那個基礎就是你的心態。

你可以免費下載全尺寸的 MILES 圖表，另有其他的資料和驚喜，本書讀者獨享。下載處：www.theunfairadvantage.co.uk/bonus

第六章 心態

正確的心態是MILES架構的正確起點，因為那是你最能發揮影響力的地方。只要透過一些不同的視角，檢視你的環境和生活狀況，就可以立即改變你的心態。

舉例來說，感激就是一種很棒的「心態祕技」。把思緒專注於人生中你想感激的事情上，就會使自己覺得更快樂、壓力較少，也更容易聚焦，而且根本不用改變外在的環境。這樣會讓你工作表現得更好，對自己完成的工作也感覺更棒。這一

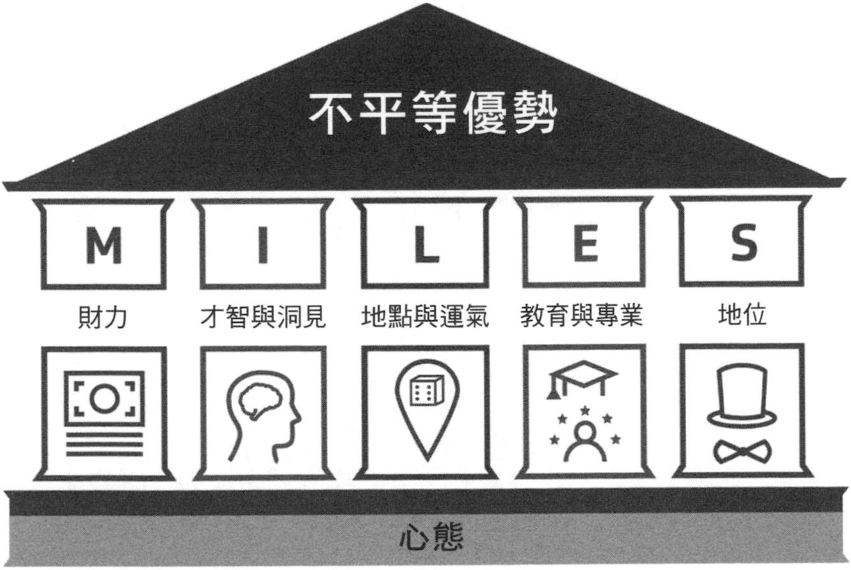

切都證明，你的心態能夠影響生活的品質和結果。

從心態出發的另一個原因是，你可以這本書要傳達的訊息歸結為：「心靈凌駕於物質，但物質仍然是物質。」換句話說，有些自我成長類的書會告訴你，只要你下定決心，便可以達成任何事；但我們談的更切實際，並且相信物質和生物世界有其極限。你不可能因為強烈相信自己能夠贏得諾貝爾物理學獎，就真正可以得獎；但反過來說，如果你一開始就不相信自己能夠做到，你就不可能實現它。

或許有人認為，不平等優勢方法太局限性了，也許有人認為，我們在書中闡述的思維，根本是自欺欺人。一點都不是：領悟了成功的要素——包括那些因環境促成或不需努力就得到的不確定和隨機要素——並不是要你為自己感到難過。乍看之下，你可能因為看到我們在這裡列出的前提，然後你就認定現在的自己沒有錢、沒有地位、缺少優良教育，所以你未來無法獲得任何的優勢力量。

這真的是大錯特錯。

成長心態vs.定型心態

根據史丹佛大學心理學教授卡蘿．德威克博士的見解，定型心態的人相信，他們生來對某些事情很在行，但對其他事情就無法勝任。這種黑白分明的思維方式，往往阻礙了他們的發展。對於定型心態的人而言，他們的失敗將會是澈底的失敗。因為當他們遭遇失敗時，就只是逃避現實或是怪罪他人。

與定型心態相反的是成長心態，當一個人相信生命裡一切都是流動的，他就具備這樣的心態。是的，你可能對某些事不在行，那只是因為你還沒花時間或力氣讓自己變得更熟練。成長心態一言以蔽之：「還不會、還沒。」「我還不會寫程式……」、「我還不會寫商業企畫……」、「我還沒找到共同創辦人……」，短短幾個字便開啟了整個可能性的道路。

雖然成長心態是兩者中較好的選項，但也不是你為了成功而要全然接受的心態。畢竟，你不會真的說：「我還不是億萬富翁……」，「我還不是專業的足球運動員……」，「我還不是第一個到火星去的人……」

在現實中，你明明就不可能是這些情況的其中一種。澈底抱持成長心態的問題是，它往往忽略了有些人在生活中已具有的不平等優勢（和運氣）。第一個兆萬富翁可能已經是科技公司的億萬富翁巨頭──我們可以預測或許亞馬遜創辦人傑夫·貝佐斯會是這個人。那些成功的專業足球運動員，可能不到十八歲，而且從小就接受專業的足球訓練。未來第一個踏上火星的人，現在正在受訓成為太空人，也有可能是一個億萬富翁（我們賭那個人是伊隆·馬斯克）。

我們若只看少數的特例，做了最不可能的假設，然後便誤以為我們還沒達到同樣成就，只因為我們沒有衝勁、不夠自律，也不夠努力。

在回顧馬克．祖克伯、歐普拉．溫芙蕾、伊凡．史匹格或莎拉．布萊克莉（億萬富豪，美國內衣巨擘）的成功之路時，我們可能會遺漏了非他們自己所能掌握的不平等優勢。

「一切無極限！」是你心智工具箱裡的絕佳工具。然而，在你的思維裡需要一種現實的、但不是過度限制你的元素。你要找到正確的平衡。如果你**只**想著「一切無極限！」，做了一大堆荒誕的白日夢，然而一旦你環顧生活周遭，意識自己的夢想和現實情況極大的差距後，你可能就會感到內疚、失望和沮喪。你會責備自己，你可能會變得刻薄，然後怪罪每一個人。

這一切都是可以避免的。以過程導向來定義你的成功，重心放在你採取的行動和生活的旅程。你要衡量的是內心的成就感，而不只是可以計量的財務成就（不可能百分之百由你掌控）。

與其忽視這兩種心態類型，我們更傾向於提供第三種心態，我們稱之為**現實成長心態**。現實成長心態接受凡事都有其無法超越的限制（如同物理定律一樣），也相信凡事皆有可能（以形上學的角度看宇宙）。它雖然承認事事皆有極限，但那些極限可能比有些人所定的更具彈性。

你必須具備這兩種相反的心態，而且不要認為它們必須完全調和一致，然後，在適當的時機援用正確的觀點。我再說一遍，要把它們當作你工具箱裡的心智工具。

你必須相信，任何事情都有可能啟發或激勵你，進而採取行動（有時這個世界給予你的甚至超乎你的想像，且會令你感到驚喜）。有些時候，認識到自己不太可能成為少數的極成功者，而且還能享受生活中較單純的事物，也是件好事。因為事實上，生活中最美好的事物是不用花錢就能擁有的。

現實成長心態是自我意識與自信之間的平衡點。自我意識說：「我了解自己也許永遠不會贏得諾貝爾獎、治療癌症、當上總統或首相，或成為世界上最富有的人。」自信說：「我要靠自己成功，即使我的目標有點誇張，我也要面對挑戰，而且我可能具有很多超乎自己想像的影響力。」

現實成長心態希望你腳踏實地，但思維無拘。不只是思維無拘，更要相信凡事皆有可能；而腳踏實地的意思並不是要你認為「我永遠不可能超越平凡與平庸」。你兩者都需要！你要設定可以達成的目標，而不是一心想效仿那些少數的極成功者。你想登上《富比士》或《時代》封面嗎？好，那就創立一間賺錢或真正具有影響力的公司或機構為目標，如何？按部就班地做，也許有一天雜誌封面就不再是遙不可及的目標。

但是要記住，我們不是**非得要**登上《富比士》、《浮華世界》或《時代》封面不可，我們不是**非得**出名才能夠快樂、自我實現和成功。事實上，名聲帶來的妨礙可能比幫助還多。

當一個人極其渴望某件事物時，力量就在他的渴望中。哈桑喜歡用哈利・波特和分類帽做比喻。如果你夠宅或還記得的話，在J・K・蘿琳創造的魔法世界裡，戴上分類帽，它就會分析一個人的性格和力量，並將他分派到霍格華滋的某個學院，這時它就會說出這句話。當哈利・波特戴上它的時候，分類帽考慮將他分到史萊哲林那個最有野心和最狡黠的學院（這學院和黑魔法及邪惡最相關），但是哈利・波特非常不想去史萊哲林，於是分類帽便放棄了，把他分派到葛萊芬多，這是哈利・波特夢想中想去的學院。這是很棒的比喻，如果你對某件事物的渴望夠深，渴望就有改變你的力量。

然而，這種力量有其限度，那個限度就是現實成長心態所遭遇到的「現實」。

舉例來說，賴利・佩吉和謝爾蓋・布林都這麼巧在一九九〇年代中期上了史丹佛大學的研究所，當時網路仍在萌芽階段。這段期間，在學校老師的鼓勵和指導下，他們構思和創造了Google的原型。

現在網路早已脫離萌芽階段，假如你沒有考上史丹佛的程度和財力，你也不可能經由他們那樣的管道，找到一個聰明、有技術和志同道合的共同創辦人。他們兩人有相同的洞見，並且將他們超凡的專業技能運用在一種非常新穎的行業上，而且做得很出色。他們靠著專業技術的不平等優勢，創造出一個更好的產品。今天你不可能以同樣的方式創造Google，即使你真的想要創造一個足以匹敵的搜尋引擎，你還是需要某種特殊的洞察力或技術上的不平等優勢。這是事實，但不表示成功與你無緣。這只是意味你必須採取不同的路徑，並且將你自己的那套不平等優勢發揮出最大效用。

不平等優勢確實存在，天賦和運氣也確實存在。性別歧視、年齡歧視、任用親人、偏見、社會聯繫、遺產、更優質的教育——這些都是無可反駁的事實。一般說來，在你出生的時候，你人生裡的一堆條件就已經決定好了，那是你無法控制的，你只能接受這個事實。但同時，你**也**必須相信你是你自己未來的主宰，你要為自己人生的結果負責。只要下定決心，你有能力達成**幾乎**任何你想做的事，只要那些事是在你能力——你的力量和資產（你的不平等優勢）——所及的範圍內。

這種二元思維是必須的。太強調人生中的不公平，你只會是一個受害者。太強調「完全的主宰和未來的創造者」，倘若經過幾年的汲汲營營後仍未登上百萬富豪之列，你就會開始幻滅。

許多企業家在創立公司之初，並未懷著任何遠大的願景。事實上在他們剛著手的時候，往往只是個非主軸企畫。谷歌和臉書在創立之初，並未企圖成為全球霸主，但是隨著它們的創辦人發現他們的解決方案和時機點有多好時，它們就一直成長、一直成長。

當然，有些企業家真的懷有宏大的願景。和傳言中只想做網路書店不同，傑夫・貝佐斯在開始稱霸零售業時，已有雄心壯志。歐普拉一直知道自己能夠實現重大的成就，莎拉・布萊克莉寫過，認為自己會改變這個世界。

艾許在建立第一個電子商務網站賣鞋且開始賺錢時，他也沒想過自己會成為網路百萬富豪，他只是很享受利用網路賺錢的樂趣。

哈桑被一則行銷線上課程廣告說服，經過一番考慮而冒險一試，他當時只不過想賺取非勞動收入，和讓自己不受老闆的約束。

達到財務自由、賺錢餬口和擁有你想要的影響力，都不是只有一種途徑。

現實成長心態是滋養你不平等優勢的沃土。適當看待它，你會看見自己周遭滿滿都是機會。就算這種心態不能改變你的現況，但卻能為你呈現一個全新的世界。

沒有正確的心態，你就不可能大幅進步。因為，還是很多富家子弟具備了無數不平等優勢，但到頭來還是一事無成。整個世界都在他們的腳下，但是他們從來不採取行動。其實現實中也有一個較好的例子：今日世界上有無數的人，付了無數的金錢，接受那些他們用不到的教育！還有，有些人擁有社會地位，卻也沒有發揮它的優勢。沒錯，我們所擁有的、以及我們與生俱來的條件，是我們的起點，但是，我們如何看待這個世界，以及我們有衝勁去做怎樣的事——而且我們可以隨時依據有利於自己的情況做調整——也是我們的另一個起點。

堅決的現實成長心態四大特性

一、願景

這是所有堅決的心態中最無可否認的特性。你也許聽過這種說法：「沒有願景，人如死灰。」還有：「沒有願景，公司失去方向，人們失去工作，主管失去理智。」

二〇一七年的《富比士》雜誌，檢視現有的企業家特性，「願景」排在其他二十三個性格特質的前面：「願景……顯然是比任何其他項目更普遍、更重要的特質。」

願景是清晰、明確預見某事將會實現的能力。它不是魔法，它是一種想像力和目標設定。賴利、謝蓋爾和馬克．祖克伯在一開始的時候，都沒有宏大的願景，但是當他們一邊前進一邊看到潛在的可能性後，願景便隨之發展。願景不需要很龐大，稍後我們會講到胡達．卡坦的故事，她只不過想做化妝品。

願景會帶你起步，它也可能是你所需要的一切。BaseCamp 是一套企畫管理應用程式，幾位創辦人在工作與生活間都取得良好平衡，而且他們會正確教導你，做為一個企業家，你不需要征服全世界就能享受成功的美好人生和幸福。

大家會追隨有願景的領導者，即使那個願景最後變得一文不值。有願景的人就像預言家一樣，道出未知的事情，然後實現它。如果你無法想像你公司的未來，就沒什麼理由繼續走下去。只要遇到一次的挫敗，你就玩完了。

如果你懷有願景，便能看見你想創造的未來。歐普拉・溫芙蕾在四歲時就編織過一個願景，她夢想著過上截然不同的生活：

> 我記得我站在後陽臺上，看著祖母用滾燙水煮衣服，並且攪動它們。當時我四歲，我在想：「以後我的人生才不會像這樣，它會更好。」這種想法不是出於自負，而是出於我知道自己可以擁有不一樣的人生。

歐普拉不只是夢想自己有一個不同的生活環境，她還看到、住在那個世界裡。

當艾許剛加入 Just Eat 的時候，他會花上好幾小時和管理團隊談論公司能成長到多大。他們會在午餐的時候聊這類話題，像是：「我認為這家公司的市值可以成長到五千萬英鎊，就是這樣。」下一次，談論的金額就提高到一億英鎊，然後是一億五千萬英鎊。在初創階段的日子裡，隨著他們看到愈來愈多的潛能，願景也變得愈來愈大。

連艾許和資深團隊都想像不到的是，首次公開募股的龐大數字，但是願景讓他和同事朝那個方向編織夢想。

二、智謀

「企業家就是會跳下懸崖，並且能在掉落的過程中召來一架飛機的人。」

這句話援引自里德·霍夫曼，充分表達出一個企業家迅速解決問題所需的智謀和能力。艾許成功地從幾家新創公司中退場，也創立過幾家營運狀況沒什麼起色的新創公司。你也許會納悶，怎麼會這樣？難道沒有更好的方法去規劃這些事嗎？

當然，一個有經驗的企業家、投資人、創辦人或新創公司創始雇員，可以採取降低風險的措施，但是危機絕不可能完全消失。其中一個理由是，當你擁有企業家精神的時候，你也許想涉入從來沒有人探索過的領域。你會搞砸事情，當事情搞砸了，你就會從一個全新的角度來看待自己的事業。

這完全在於你對自己解決問題的能力要有信心。

三、持續成長和終身學習

今日的我們，也許比歷史上任何一個時代都更需要終身學習。在以往，你可能拿到一個學位，就終身受用。現在情況已經不同了。

科技進步的曲線愈來愈陡峭，之後便是加速上升，整個企業環境都被新創公司顛覆。5G技術很快要普及了，人工智慧和自動駕駛車也愈來愈聰明了。就連我們在寫這本書的時候，商業模式也正在改變，新工具和新平臺不斷地出現。現在，一些世界上最大、最好的公司，包括蘋果、谷歌、好市多、全食超市和希爾頓飯店，都把大學文憑從求才條件中刪除了。

從這一刻起，未來是屬於能夠不斷學習、持續成長的人，而非只有傳統大學文憑的人。

四、膽識與毅力

到目前為止，我們在本書中檢視過的每一個個案，都具備膽識的條件。換句話說，就是面對阻礙繼續前進的人。

阻力、困難與障礙會不斷地出現在你的路途上，缺乏毅力這項特質，你的新創公司便無法存活。

你需要厚臉皮，你需要有能耐面對批評，無論是建設性或破壞性的批評。即使被打敗，你也要有良好的恢復力。即使失敗了，你也必須負起責任，因為你是創辦人，所以是責無旁貸的。

在遇到困難時，只有膽識、堅持不懈和樂觀主義的強心劑，才能支持你度過一切。所以要牢記，具備正確的心態是多麼重要。接下來我們要直接進入 MILES 架構的核心，就從「財力」開始。

第七章 財力

賺錢需要錢。——英文諺語

Zoopla 是一間以英國為根據地的房地產科技新創公司，它在二〇一四年首次公開募股，起步的時間和 Just Eat 在英國成立的時間差不多，哈桑與其前搜尋引擎優化主管有過一段談話。

就像 Just Eat，Zoopla 也經歷過驚人的成長速度，而搜尋引擎優化是他們成長的主要動力。搜尋引擎優化真的是一項既

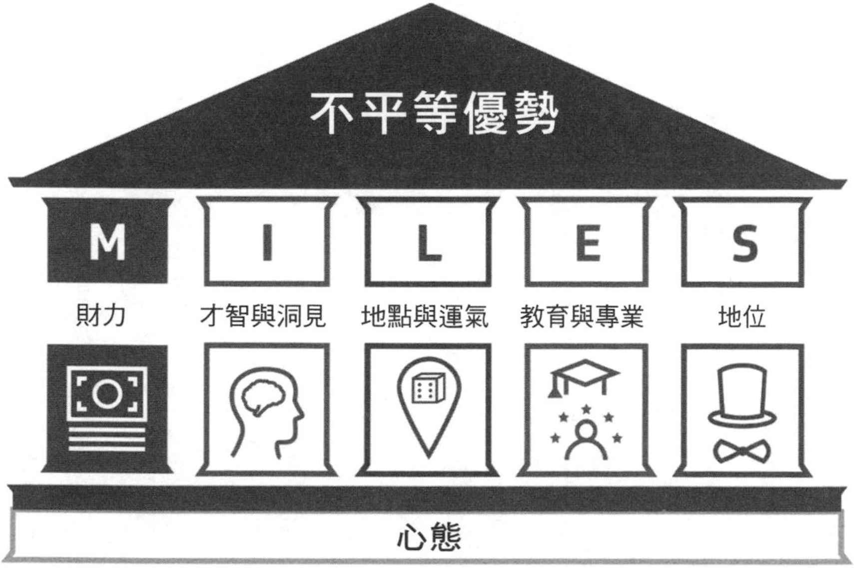

艱鉅又費時的任務，它對企業有重大的影響力，是吸引客戶的一大工具——客戶可以更快找到你的公司，名氣也變得更響亮——這就是為什麼每家公司都想排在 Google 搜尋前幾名的原因。

這位主管揭露了他們搜尋引擎優化成功的祕密，你想知道嗎？答案是……收購。

沒錯，他們就是**買下** Google 搜尋所有排在他們前面的公司。憑著募集到的資金，他們買盡對手，使勁地擠到 Google 前面的排名。

這不是很有趣嗎？

當我們說到財力的時候，我們指的是財富。財富的意義不只是金錢，它也是你所擁有的任何資產（房子、土地、股票，任何你可以拿來賣錢的東西）。

艾許特別懂得錢的事情，因為——你也讀過他的故事——他體會過有錢是怎麼一回事，沒錢又是怎麼一回事，那是兩個完全不同的世界。

他特別注意到一件事情：有錢人常會掩飾自己是多麼輕易賺到更多的錢，他們也懂得如何繳更少的稅——比你預期的還少。他發現跟有錢人聊天時，他們會擺出「我掙來的，我努力得來的」的態度，還滿奇怪的。因為他們忘了，一旦你是有錢人，要賺更多的錢是多麼容易的事。有錢人擁有資產，只要坐著不動，資產就會幫你創造更多財富。舉例來說，如果你擁有一間出租房產，你每個月都會有錢入帳。

錢也叫做「資本」。那就是為什麼投資新創公司的人（風險投資人）也被稱為風險資本家的原因，因為他們把資本（錢）投入到新創公司裡。

不過，錢並不是資本的唯一類型。社會學家皮耶·布赫迪厄說，我們都有三種形式的資本：經濟資本（錢）、社會資本（我們的朋友網絡和志同道合的夥伴）和文化資本，最後一種是能讓你得到尊重或名望的任何東西（例如知識、資格、頭銜、職業、你說話的方式、你的口音、你的穿著、你的肢體語言、你的品味和嗜好等等）。

經濟資本是這一章要談的資本類型，另外兩種被我們歸類在MILES架構的「地位」項。

擁有很多錢是一項不平等優勢，有能力創立自己的公司是一項不平等優勢。不必靠每個月的薪資付房租和帳單，少了這種生活壓力，給了你很多的時間去準備一間賺錢的新創公司，或是去募集下一輪資金讓新創公司高速成長——新創公司往往要花很長一段時間才會開始賺錢。

資金耗盡與消耗率

在奇異的新創公司世界裡，你的新創公司把錢用光、被迫關門之前的時間，叫做資金耗盡時間。你的資金耗盡時間可能是四個月，也可能是一年，端視你有多少錢和你「燒」錢的速度。你的新創公司每個月損失多少錢，就是你的「消耗率」。如果你的新創公司在銀行裡有五千英鎊，而你的消耗率是一個月一千英鎊，那麼你的資金耗盡時間就是五個月。

擁有更多的錢，代表你有更長的資金耗盡時間。還有，你的消耗率愈低，資金耗盡時間也愈長。

對新創公司來說，這是一項很有用的概念，因為新創公司在開始賺錢之前，可能要花上幾個月到幾年的時間。這個道理對高速成長的新創公司來說格外適用，因為這些新創公司的目標不在獲利，而在於盡速成長，最後才開始賺錢。

舉例來說，很多人或許會感到驚訝，Uber 在二〇一九年仍然沒有獲利，他們在這段期間以令人難以置信的速率一直燒錢。他們能夠這麼做的原因，是他們不斷從投資人那兒募集到資金。那些投資人很有耐心和信心，相信這家公司最後一定會賺錢。

假如你打算靠自己創立一間會賺錢、且以自己的生活方式創立的新公司，即使你沒有 Uber 那些用之不竭的資金，你仍然要計算你的資金耗盡時間，評估自己可以多久不依靠薪水過日子。如果你在開始的時候有一大筆錢，事情顯然簡單得多，但即使如此，你也要知道你的資金耗盡時間。萬一你計算錯誤，一大筆錢可能有去無回。

如果你還沒打定主意要全職經營一間新創公司，你可以做兩件事來應付當前情況。一是削減成本（降低你的消耗率），另外是提升資金。削減成本可能意味著將生活簡單化（譬如說，如果你還年輕，而且單身，你可以搬去跟爸媽住。這是經過試驗的可行之法，假如可以的話，你真的很幸運）。至於新創公司，在花費上維持精簡（量入為出）是關鍵，因為省錢對於延長你的資金耗盡時間很重要，而且讓你爭取時間去賺錢。不過，小心別省過頭，新創公司邁向成功所需的物件還是不能省的。

這就是為什麼擁有很多錢是一項極大的不平等優勢的原因。但是別絕望——沒那麼多錢也有它的優點，我們稍後會談到。

最後，如同我們在第十七章（募集資金）裡討論到的，繼創辦人後，有三種F的人會投資你的新創公司：家人（Family）、朋友（Friends）和傻瓜（Fools）。當然，說「傻瓜」是開玩笑的，只是反映出投資新創公司的高風險，希望那些會投資你公司的人並不傻。不過，你若能說服有錢人提供你金援，這種募集資金的能力，也是一種財力上的優勢。舉例來說，如果你的朋友和家人都是有錢人，他們有能力賭一把，投資你的公司。

尤恩・布萊爾——爸媽銀行

在銀行業工作一段時間後，三十二歲的尤恩想做些對社會更有影響力的事情。他和一位共同創辦人創立了一家叫做WhiteHat的科技新創公司，目標是讓更多年輕人去實習，而不是空有「沒用的」大學文憑。

然而，經營新創公司是艱難的。WhiteHat的第一年，已經損失了大約四十萬英鎊。不過，對於尤恩和他的共同創辦人來說，幸運的是，同一年他們得到了將近六十萬英鎊的資本投入，而且是完全免利息的。

哇！完全省下來了！

那麼，這些錢是打從哪來的？

他們並未提及資金來源。

不過，尤恩．布萊爾的童年和一般人不同。他成長於全世界最有名的地方之一，唐寧街十號。他的父親是前英國首相，東尼．布萊爾。

媒體暱稱東尼．布萊爾為「錢袋布萊爾」，因為他退休後的收入總額相當驚人（據說每場演講收費最高可達二十五萬英鎊）。

對於他們有沒有提供WhiteHat資本，布萊爾夫婦婉拒表示。但是布萊爾爸媽銀行在過去一直很慷慨。根據《每日郵報》和《每日電訊報》，尤恩和母親雪莉在倫敦市中心共同擁有一棟價值四百四十萬的聯排住宅，以及一大筆不動產投資組合。

我們是在爭辯，布萊爾夫婦這樣幫助兒子是不道德或是不對的嗎？

一點也不。不過我們要說的是，這是一種極大的不平等優勢。因為一般人都不是百萬富翁的孩子，不能號召「爸媽銀行」給你勝人一籌的協助。

根據 CrunchBase 創業公司資料庫，在第一次的緊急財務援助之後，WhiteHat 又確定得到至少兩千萬美元的資金。

所以，財力是你新創公司成功所需的一切嗎？

絕對不是，差得遠了。有太多百萬、千萬美元資本的新創公司都悲壯地失敗了。Shyp 創立的宗旨是讓客戶輕鬆「在智慧型手機上點兩次」，就能把貨品運送到全球各地。它募集到六千兩百一十萬美元的鉅額資金，但是在二〇一八年以失敗收場，澈底倒閉，並且遣散了所有的員工。

Beepi 是一家二手車市集新創公司，募集的資金不可思議地達到一億四千九百萬美元，但是最終也是澈底失敗。

所以，財力並非唯一的要素，雖然它是一項莫大的不平等優勢。WhatsApp 的共同創辦人簡・庫姆在雅虎工作的期間存了四十萬美元。（研發工作有可能是非常賺錢的！）年輕的馬克・祖克伯在父母的幫助之下，有能力在臉書創立之初投資八萬五千美元。

財力緩衝器

「即使我跌倒了，我也是掉在一堆錢上面。」Jay-Z，專輯：American Ganster，曲目：「成功」

Jay-Z這裡指的是以金錢作為財務緩衝器——如果他跌到一堆錢上面，如果他在風險投資上失敗了，他仍會安然無事。這就是有錢的好處：萬一出了什麼事，錢就是你的安全網，它是一種強大的權變資產。這就是權貴企業家能夠應付風險的原因，他們有又大又厚的財力安全網可以依靠。

他們最後不會流落街頭，他們永遠不用擔心下一餐的問題。

雖然事情的結果不一定會變得無家可歸、飢寒交迫那麼戲劇化。如果你真的是權貴人士，你不會因為新創公司損失一些錢而使生活型態受到影響。但是對於一般或中產階級的人而言，那就不只是一種打擊了。

這也是為什麼很多富二代成為新創公司創辦人的原因。至於和教育及地位相關的其他間接影響，我們會在後面的幾章裡討論到。

艾許的故事

最近我上了幾堂室內攀岩課程，其中一項我們一開始就要學會的，是如何在各種高度適當地掉落，從離地幾公分到身高的一半，然後超過身高。適當地掉落／失敗，表示我們可以爬起來，重新來過。根據我們上課所簽署的表格說明，沒學會這一點，可能會造成受傷，甚至斷送性命！

在新創公司的世界裡，沒人教你如何適當地失敗才能輕鬆站起來，重新開始。某些人有財力做為緩衝器，但如果你沒有那種緩衝器，學習怎麼失敗是很重要的事。我們從來不會在失敗的企業家、巨星、演員或作家的墓碑上讀到「失敗七訣」。我們只會受到「成功」吸引，因為我們認為他們擁有我們自己所沒有、但需要學習的祕訣或習慣。

那些非常成功的人，事實上都是少數特例。如果我們把他們放到統計圖上便可以很清楚看出這一點，我們太關心少數特例，卻忽略了真正能幫助我們成功的現實案例，他們不是億萬富翁，只是比我們領先了五到十年。

財力做為你的不平等優勢

通常你知道自己有沒有錢，如果你不確定，現在就去看看你的銀行戶頭。但是，當然，你可能無法確定自己是否有**足夠**的錢做為你的不平等優勢。

有個不錯的一般性經驗法則是，如果你辭掉全職工作後，全心經營新創公司，那麼你的資金耗盡時間大約是六到十八個月。所以，問問你自己，財力是不是你的不平等優勢：

- 現在我的戶頭裡有那些資本嗎（無論是現金、存款或個人儲蓄帳戶）？
- 我朋友和家人會預先投資那些錢嗎？
- 我目前的工作可以存到那筆錢嗎？

如果你有錢展開事業，並且足夠支撐你的資金耗盡時間，好極了。那表示「財力」是你的不平等優勢之一。

如果沒有，你能怎麼做？

如果你沒有財力的不平等優勢，**那麼就設立一個不需要高成本的事業，而且在賺錢之前不會燒掉太多資金是主要的考量。**換句話說，要快點找到付錢的客戶。這種事業可以是一種「生活型態新創公司」。這類新創公司不需要消耗太多錢，而且比「高速成長新創公司」（把目標設定為價值十億美元以上的矽谷型態新創公司）更快賺錢。高速成長新創公司的策略是透過高速成長達到設定的目標，不必把焦點放在賺錢。在第三部分，我們會談到更多關於選擇新創公司類型的內容。

有一種唯一的例外是：你有能力和信譽在公司的構思階段就募集到資金。這相當罕見——通常你的新創公司需要有良好的受歡迎度和動能，才能募集到資金。若要如此，你必須具備許多 MILES 架構裡的其他不平等優勢——最好是之前有成功創立公司的經驗——才能成功募集到資金。但這完全是可能的。

這裡有一些其他建議，有的著重在最佳的可變現技巧上，有的則考量增加收入的方法：

節省生活支出　我們都會買不需要的東西。削減這種支出，那些東西不會讓你更快樂，你也許把那些錢都花在讓別人留下深刻的印象，但是那些人根本不在乎你。你要為自己編列預算，存錢，變得更有錢，你才能延長資金耗盡時間，並且給自己更多時間讓公司轉虧為盈或募集資金。

學習行銷和銷售　如果你研究和學會行銷與銷售技巧，等於獲得了終身的變現能力——很多企業老闆需要你幫他們找到更多客戶。你會更懂得創造價值，得到回報。這是個屢試不爽的商業概念，這也是哈桑小規模地運用、蓋瑞・范那契以他的行銷媒介 VaynerMedia 大規模地運作的東西。這是迅速得到付費顧客的方法——你為他們提供服務。更重要的是，你可以把行銷和銷售技巧運用在你自己的新創公司上，開始創造收入。

募集資金　藉著學習募資和擁有一支良好的團隊和點子（看出問題和提出解決方法的強大洞悉力），你能夠從投資人那裡募得資金。在某些情況下，這是最後的選擇，因為投資人往往變得像你的老闆一樣，反客為主，操縱你的事業。但對於一些具有正確的高速成長新創公司概念和正確專業及地位的人來說，這個方法很好。幾乎所有極成功的案例都是透過募集資金而達成目的，在第三部分會有更多關於資金的討論。

學會寫程式 關於如何寫程式，有許多免費或平價的書、課程和資訊。學會寫程式，代表你能夠以極少的成本為自己的新創公司創造產品。寫程式很有賺頭，你可以當一個自由工作者，或全職做這一份工作。這是存錢的好方法，延長你的資金耗盡時間。

自由工作者 學會一項廣被需求的技巧，如同我們之前提過的，無論是銷售和行銷或寫程式，或像是包含寫作或社群媒體管理的使用者經驗設計，你就能利用空閒時間賺錢，補充全職工作的收入，甚至把它當做一份正職。當你以自由工作者的身分累積資本時，你的新創公司就是你的副業——直到有一天，你能夠把重心完全放在新創公司上。

貧困和創立公司

假如你的生活極為拮据或經濟狀況不穩定，而且你有帳單、房租或貸款等壓力，那現今**絕對**不是創立公司的正確時機。假如你有孩子和親屬要撫養，也不適合創立公司。你必須先滿足你的基本需求——也就是食物和水、一個遮風蔽雨的地方和安全感——之後，才能考慮創立公司的事。

或許你並不貧困，但是，各種不穩性可能在我們一生中的不同時間點影響我們，了解這點也是很重要的。

這也是為什麼現在許多知識分子提倡全民基本收入，讓人民免於這種匱乏的情況和心態的主要原因。生活在這種匱乏的情況下，經證明，確實會降低你的智商，而且可能會讓你做出傷害自己或社會的行為。從伊隆・馬斯克和馬克・祖克伯，到發明全球資訊網的提姆・柏內茲—李等，很多人都在倡導全民基本收入。我們也是這種理念的支持者，認為這種基本收入可以解決自動化和人工智慧所帶來的部分問題。人工智慧讓愈來愈多的人失業，全民基本收入可以是每個人的經濟緩衝器。

全民基本收入是滿足人們基本需求的可行之法，也能將人們從絕望中解放出來，變得更有抱負和創造力。擔心負債和不知道下一餐的著落，並不是成為新創公司企業家的訣竅。美國企業家、二〇二〇年民主黨總統初選候選人楊安澤就是全民基本收入的大力提倡者，他的說法相當有趣。他提議給予每個美國人每個月一千美金，無須任何理由，因為科技、人工智慧和自動化已經取代了人們賴以維生的許多工作。

財力是把雙面刃

如同我們之前提過的，每項不平等優勢都有它的另一面。很有錢不見得是好事，沒有錢也不見得是壞事。

如果你的困境比極度貧困好些，如果你還年輕，又很幸運可以跟父母住，沒有小孩或需要你照顧的人，在經濟上可以自由掌控，那麼這就是一個極佳的起點。

艾許當初沒有錢，所以他全力一搏。他的安全網就是跟爸媽同住，所以他沒什麼好損失的，只會有所得，所以他又渴求又充滿抱負。哈桑有一點點資金耗盡時間，因為他靠著學生時期打工賺的錢和政府提供的學生生活費貸款省吃儉用，所以有能力投資自己，學習如何成為一個企業家，並且學以致用，之後創立了自己的公司。我們創立的新創公司很快就能賺錢，而不是到後來才使用變現策略，而且我們的第一項事業都沒有募集資金。

事實上，很有錢就像含著金湯匙出生，你會對生活很滿足，這樣反而讓你缺乏賺錢和成功的動機。你可能不太有衝勁，即使你創立了一家新創公司，你嘗試解決問題的方法可能就是投入金錢。舉例來說，你可能在一開始的時候，就是每個月花數千美元做行銷，而不是把「成長耕耘」投入在創新和通常更耗時的「操作」方法上。我們會在第十六章（事業）談到成長耕耘。

現在你知道，財務上的限制可能孕育創造力、謀略和才智，而擁有過多的金錢可能造成較浪費的行為，有可能導致新創公司倒閉。俗話說的好：「需要為發明之母」。

所以，如果你覺得自己不夠「幸運」，不是權貴，沒有輕易取得錢財的管道，也沒有源源不絕的房租和股息等非勞動收入，那麼你就必須從其他的不平等優勢著手，並且把你的創造力和跳脫框架思考的能力發揮到極至。我們在下一章會有更詳細的討論。

第八章
才智與洞見

上次有人誇你聰明是什麼時候的事？你認為自己夠聰明嗎？

在成長過程中，哈桑常被人誇讚聰明。即使沒做功課，他的成績仍然優秀，他有求知欲，而且弄懂事情的能力非常傑出。

相反地，艾許說他小時候並不是最聰明的，但他周遭的朋友都很聰明。他還記得，朋友常常說他是把大家結合在一起的強力膠。出社會後，他領悟到自己具備很

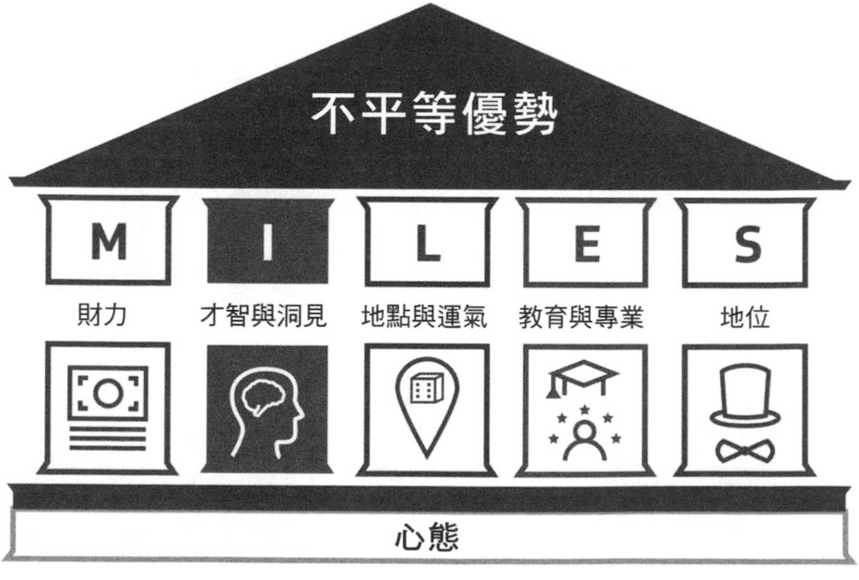

高的社交智商。他在其他方面的智商就是創造力高——艾許總是以創新的思維解決問題。

聰明有幾種不同類型，但都屬於才智。

才智

乍聽之下，才智好像是一種直截了當的概念。但是，你愈研究它，它就變得愈來愈難以精確定義。不過，我們都知道，當我們說某人有才智的時候，指的是什麼。

事實上，才智可分為許多方面，我們把它歸納成這幾個類別：智商、很會讀書、有生活智慧（我們在此納入情緒和社交智商），以及創意智慧。

接下來我們討論洞見，那是一種更深奧、更特定的才智和理解的形式，它給予我們獨到的見解，對於新創公司的創辦人來說，或許是絕對必要的條件。

讓我們一一檢視這些要素，看看它們在你的新創公司和一般生活上，可以變成怎樣的不平等優勢。

智商

當我們提到才智時，總會想到智商（智慧商數，或 IQ: Intelligence Quotient），可能你第一個想到的也是這個。智力測驗是一種行之一百多年的測量方法，用才智將人們分為各種等級：亞伯特・愛因斯坦和史蒂芬・霍金的智商超過一百六十。那表示他們聰明得不得了。

但問題是——智商真的很重要嗎？

簡單回答：「是的。」根據許多著名的研究，在智力測驗上獲得高分的孩子，**一般說來**，他們在傳統定義上的成功表現得更好：學術上的和經濟上的成就。這些孩子也可能更健康和更長壽。

然而，較長的答案就比較複雜了。才智（尤其是智商）的議題一直頗具爭議性，因為大家對「才智到底是什麼」沒有普遍的共識。由於才智可以展現的範圍很廣泛，所以很難將所有這方面的能力，都包含在一個放諸四海皆準的測量方法裡。也就是說，我們永遠不會**真的**知道答案。

所以，當我們從社會這麼大的範圍來看智商和成功之間關係時，這項資訊對個別的人來說，並沒有用。這也是為什麼我們之前提到智力測驗上獲得高分的孩子時，會用「一般說來」。這就是關鍵。智商測驗不能預測你的人生會過得好不好。舉個實例，克里斯多夫・蘭根被認為是世界上最聰明的人，智商令人難以置信地高達一百九十以上，然而，他一生中所從事的工作——並不是你預想的那樣——多半是勞工和酒吧保鏢。

最重要的是，我們無法從智商測量出情緒和社交智慧，它也不是自我意識或創意的要素。

所以，雖然它對於一大群人口確實有某方面的預測能力，也有助於政府的政策的考量，但對於我們**個人**來說，智商是沒有用的。事實上，安琪拉・達克沃斯在二〇一一年做了一項巨量分析研究，該研究指出，智力測驗分數會受到動機的影響：若告知參與者測驗分數較高的人會有獎金，分數平均提高了二十分！這表示，當我們試圖以這種普遍化的方式去測量智力時，是有很多陷阱存在的，而且那不是我們會推薦你評估自己的方式。

較高的智商是一項不平等優勢嗎？是的。

當你在追求成功的時候，要更注意自己的智商嗎？不是。

為什麼？因為，雖然大部分的專家都同意才智可以透過練習提升，但是以智商做為測量的基準，大部分人認為其結果不在我們掌控之中，而且到現在都還沒有一致的看法。

我們應該要知道的是，對於企業家來說，真正的影響力大多來自於智力測驗測不出來的事，像是社交和情緒智商、創意和自我意識。畢竟，事業不是一場考試，它是一個過程。事業成功幾乎總是與人際關係、為別人貢獻你的價值，以及團隊組織和運作有關。

在談到智商的時候，別讓數字影響你。如果你從來沒做過智力測驗，就別為這種事操心。你更需要了解的是，幾乎所有心理學家都贊同的觀念：相信你能夠變得更聰明，這份信念真的可以讓你變得更聰明。

很會讀書

你可以把很會讀書視為對理論的理解能力，它也是一種形式的學習——有些人喜歡透過書本和正式教育來增長知識。這類型的才智給予我們一套了解世界的概念架構。

你可能會依據自己在校成績和考試結果，而知道自己是或不是「很會讀書」的人。考試可以測驗出你吸收大量資訊的能力，但是，別因為你以前在校成績而抹煞你「很會讀書」的聰明。你也許出社會後才發現和培養出很會讀書的聰明，因為你可以用適合自己的方式學習。

舉例來說，艾許的在校成績不好，但是他嗜讀非小說類書籍。他對各種概念的興趣，讓他在學習資料方面勝過別人。當他自己利用店裡的書籍來學習寫程式時，這項能力很快就變成他的不平等優勢。因為艾許是一個「為什麼」學習者，意思是，他要知道自己為什麼要學習某件事，以及那件事可以如何幫助他達到一個切合實際的目標。像艾許那樣的「為什麼」

學習者，在校成績往往並不理想，你在學校「為什麼」要學習？答案只是因為學習的內容會出現在試卷上？（更多關於學習的內容，請參考第十章：教育與專業）

你可曾留意過，在學校裡最聰明的孩子，不見得他的人生也表現得很好？舉例來說，當你在同學會看到他們的時候，你可能發現他們的財務狀況並不像你認為的那樣，或者他們的財務狀況沒問題，但是他們無法在目前的工作上實現理想，所以常常想換工作。

如果你喜歡從書裡學習，而且發現自己能夠迅速又輕鬆理解一些概念，那麼你已經具備了一項真正實用的不平等優勢——書本裡有歷史上所有累積下來的知識，所以，一定有值得閱讀和學習的地方。相同地，當你創立一間公司時，有張文憑和一些頭銜也是不錯的（儘管那絕對不是必要的）。

同理，別用你考試的成績來判斷你的未來是否會成功。

派翠克與約翰．柯里森

在一堆新創公司創辦人中，把才智和很會讀書當做一種不平等優勢的是派翠克與約翰．柯里森。這一對在愛爾蘭鄉間小村莊裡長大的兄弟創辦了線上支付平臺Stripe，他們當時分別只有二十一歲和十九歲。在短短幾年內，這家小公司讓他們變成億萬富翁，而弟弟約翰更是榮登二〇一六年《富比士》雜誌最年輕白手起家億萬富豪的冠軍寶座。

他們極大的不平等優勢便是他們驚人的才智。

派翠克．柯里森八歲的時候就在利墨里克大學上電腦課程，十歲時開始研究電腦程式設計。十六歲時，他讓當年度的「BT年輕科學家」評審委員驚嘆不已，因為他創造了全新的電腦程式語言，稱為Croma。他跳過了高中的最後一年，直接就讀著名的美國麻省理工學院。

弟弟約翰．柯里森以有史以來最高的分數拿到高中文憑，等於是愛爾蘭的全A。事實上，約翰在期末考之前就被哈佛大學錄取了。

派翠克和約翰兄弟倆追隨比爾．蓋茲和馬克．祖克伯的腳步，分別自優秀的大學輟學，創立公司。

有趣的地方來了。雖然Stripe是柯里森兄弟最知名的事業，但實際上他們在創立Stripe之前就已經是白手起家的百萬富翁。讓他們變成百萬富翁的新創公司叫做Auctomatic，可幫eBay賣家管理交易和協助賣家賺取最大利潤。兄弟倆利用派翠克創造的獨特程式語言Croma來研發這套軟體，他們在青少年時就因為這間新創公司而成為百萬富翁。事實上，創立這間新創公司、然後退場，並且成為百萬富翁，這些都是在約翰上大學之前發生的事！

對於學習，約翰是這麼說的：

「我有點像個書呆子，我讀了那麼多科目（高中），原因之一只是我很喜歡那些知識。上大學也是一樣，我想要更進一步學習。」

約翰不僅聰明、勤懇，他也真的愛讀書——有點像華倫．巴菲特說他每天早上總是雀躍地去上班一樣。讀書是約翰的學習模式，透過書本學習的熱情，也培養出讓他更深入研究的動力，然後進入下一個求學階段。儘管他在大學時輟學，我們仍然可以看出他的學習是有原則的，並且把這個原則運用在建立新創公司上。

所以，這兩個聰明的兄弟是很會讀書的例子之一。但是，萬一你不是很會讀書的類型怎麼辦？

生活智慧和人際技巧

你在學校之外學習到的叫做「生活智慧」，生活智慧要靠「做」來培養。你要有些基本的「天賦」，不過它的培養最終還是透過現實生活經驗，以及從別人的真實生活經驗學習而來。

對於總是在尋找自己其他不平等優勢的人來說，這應該很具激勵性。生活智慧可以透過經驗來培養，依靠有經驗的朋友或業師也大有幫助，因為他們會指導你做出正確的「生活智慧」決定。

生活智慧多半是關於人際技巧，需要情緒和社交智商。從召募你的科技公司共同創辦人，到向潛在客戶演說；從和供應商談判成本，到取得貸款或投資（如果需要的話），人際技巧絕對是新創公司每一個階段都需要的。

失敗的新創公司多到數不清，它們失敗的原因多是創辦人失和或遭到投資人背叛。來自親身經歷的生活智慧有助於防止這類事情發生，此外，有適任的業師、顧問和夥伴，也能幫助你避開這些令人擔憂的狀況。

情緒智商非常重要，因為做生意是人與人之間的事情，而人是會受到情緒影響的。如果你能夠看穿、了解並正向地影響人們的情緒，你就能對他們發生影響力和說服力。這就是你吸引共同創辦人、業師、投資人和員工加入你的新創公司的方法，也是你談判調薪的方法，以及你如何與客戶接觸的方法。情緒智商就是這麼關鍵。

生活智慧包含三大要素：

社交和情緒智商　知道該問什麼問題，怎麼問才能得到你想得到的答案，建立信任感和關係，以及展現出肯定的態度。

平常的判斷力　知道你可以信任誰，該接近誰，以及對不同事情的不同趨勢和需求有正確的判斷力。

察覺鳥事　知道別人是不是要背叛你，看穿他們的意圖，能夠判斷他們是不是在說謊。

尼可拉・特斯拉：缺乏生活智慧

尼可拉・特斯拉一八五六年出生於現今的克羅埃西亞，是一個擁有超級天賦的孩子。他腦子裡的高級運算本領，讓老師無法相信他沒有作弊。科學老師在課堂上做的電流實驗深深吸引住他，後來他畢生奉獻心力在和電流相關的發明上。

我們不僅要為安全、人人負擔得起的家用電，也要為廣播、機械人和遙控器（以及一大堆其他發明）感謝尼可拉・特斯拉和他的天賦。

然而可悲的是，尼可拉・特斯拉死的時候幾乎身無分文，原因有很多，其中一個是他缺乏世故經驗和「生活智慧」。舉例來說，湯瑪斯・愛迪生承諾給他五萬美金，如果他能夠將他的馬達和發電機重新設計得更安全和更有效能的話。幾個月後，特斯拉帶著改良的感應馬達回來。但是，當他向愛迪生索取獎金時，愛迪生拒絕了，據說還譏諷他說：「特斯拉，你不懂我們的美式幽默。」

從尼可拉・特斯拉的故事，我們看到生活智慧對於事業成功與否的重要性——以及人際技巧往往比驚人的才智更重要。

儘管缺乏財務資產，但是尼可拉・特斯拉的智慧遺產卻相當雄厚。事實上，伊隆・

馬斯克的電動車公司名字，靈感就來自於他：特斯拉公司。（當然，伊隆本身的才智也是極少數的特例。）

創意智慧

最後一種智慧類型是創意，它對於新創公司創辦人來說是一種強大的不平等優勢。

雖然這個詞常常像神話般神祕，但創意並不是那種你天生具有或沒有的東西，它也不是只有畫家和詩人才具備的能力。我們在日常生活和事業中所運用的創意，就是把各種不同範疇的小分子聯結起來，然後產生出獨特的結果。創意主要是：訓練你的大腦，教會它把你從一個領域中學到的東西聯結到看似完全不相關的情況上。這叫做交會思考或跨學科思考。

不只是開創性的想法需要創意，如何讓新創公司成長（「成長祕技」）也是極需要創意的。這就是艾許的主要力量，也是他獲得成功的主要動力之一。

創新不是突然間靈機一動就變出來的神祕禮物。我們本身都有創新的本事，而且它是可以培養的。促進創意的一個方法是充實你的跨學科知識：學習完全不同於你已經知道的各個領域、範疇和企業的知識。你會學到很多東西，並且發展出橫向思考的多元心智模型。

史提夫．賈伯斯在大學時旁聽過字型美學課，學到如何創造出漂亮的字型。後來，當他和他的設計師在蘋果公司工作時，他們以字型、設計和優美感徹底改造了電腦產業，給予蘋果公司極大的競爭優勢來和對手微軟對抗。

過去的商業世界比較著重於促進增殖、節省成本和工廠經濟效率。但未來會比較著重於如何處理事情，以及以全新和創新的方式工作。創意變得愈來愈重要，因為在是機械和人工智慧無法與人腦匹敵的。對於企業家和一般職場上的人來說，創意在未來仍是一個極具威力的不平等優勢。

洞見

才智是有用的。聰明、多閱讀、花時間觀察和多認識其他人、將你對一門學科的理解轉化成你在其他方面的優勢——這些都有助於你新創公司的發展，而且還可能給了你建立新創公司的動力。但是在公司運作的層面，你還需要某種特殊的洞見。

關於洞見，我們指的是能夠看見事情表面下、且觀察到其他人不了解的一些元素。你或許由於自己的背景而對某種特定市場有獨到的眼光，又或者你曾經對某些小產品做過研究、看到它的前景，而洞悉即將到來的趨勢。

舉例來說，哈桑的洞見是，傳統商店老闆和企業家不知道怎麼做網路行銷，也不知道如何透過網際網路得到更多客戶。對於艾許最近設立的新公司，他的洞見則是，在這個科技迅速進步的新紀元裡，人們需要不斷學習新的技能，而我們可以透過小團體的方式，向專業從業者學習。

無論你的特殊洞見是什麼，不可否認，洞見的力量對於新創公司的創辦人來說是很重要的。

具有洞見意味著發現需求、發現市場缺口、看到可以解決的不便之事、弄懂市場上現有產品和服務不合宜或缺乏效能之處。換句話說，就是找出真正有待解決的問題。

關鍵在於，找出問題所需的時間，會比想到解決問題的方法的時間更長。澈底了解你要解決的問題，就是你強大的洞見力，也是投資人關注的焦點。

投資人、新創公司評論家暨 Y Combinator 的共同創辦人保羅・葛拉罕，對於洞見的重要性是這麼說的：

> 我們所看重的並不是你有什麼想法，而是你的洞見有多深入。在描述你解決方案的獨特之處時，強調方案設計得多麼優良和好用，這是常見的錯誤。那不是洞見，你只是在主張你會做得很好。不管是誰在寫這套軟體，一定也是想要做得很好。所以你必須更具體，到底要怎麼做，才會讓你的軟體更好用？還有，那樣就夠了嗎？

這個道理不只適用於軟體或應用程式，也適用於任何產品或服務。

還記得艾許為了讓客戶可以在他的網站上消費，歷盡多少艱難研發出支付系統的故事嗎？柯里森兄弟的洞見是，創造出一套讓開發者輕鬆又方便放到他們網站和應用程式裡的支付系統 Stripe。它的用法很簡單，只要七行代碼，然後他們便能讓它的市值增長到兩百億美元以上。而在當時，他們的競爭對手 PayPal 已經相當穩定了。PayPal 是全球領先的支付平臺，較著重於客戶的需求，而 Stripe 則把眼光放在開發者的需求上。

史堤夫・賈伯斯的洞見是，把優雅的設計帶入蘋果的所有產品中。

傑夫・貝佐斯的洞見是，在還沒有人想到的時候，他很早就看出網路會永遠改變零售業。

若你想得到洞見，主要的方法就是和潛在客戶多聊聊。就是那麼簡單。

如果你的商業想法是以得到使用者（而非客戶）為出發點，那麼他們就是你要留意的一群人。如果你的變現策略是以使用者的關注換取廣告收益，那麼他們的關注實際上就是你要賣給廣告業者的產品（基本上這就是臉書和谷歌賺錢的方式）。

如果你本身是產品的目標族群，那更好，這樣你會更了解他們的經驗，也會有深刻的洞見。你會更詳盡了解有待解決的問題，因為你有第一手經驗。不過，一定要持續和有同樣問題的人談話，因為你不能假設每一個人經歷到的問題都和你一樣。

這就是為什麼在相關企業裡找份工作是個好方法。唯有來自於工作的洞見，才具備真正的價值，因為這份工作會讓你熟悉問題的痛點和解決方式是否有效，這樣才能找到更好的產品或處理方式。這也是為什麼在企業裡，領域專家是如此珍貴的原因。舉例來說，如果你在人力資源部門工作，有一項以人工處理的工作相當不方便，而你認為它是可以透過科技解決的問題。

崔斯坦・沃克——在行動上的洞見

「卑微，在皇后區長大。我只是有機會，很好運。」這是崔斯坦・沃克在廣播中的自我介紹。

「為什麼你覺得自己很好運？那是客套話嗎？你有努力過吧？」一位主持人問。

「是的，我努力過，」崔斯坦回答，「但我了解自己是在對的地方和對的時間。我很幸運身旁有一些人支持我，我很感激。」

Walker & Co 是一家以有色人種（常因用過剃刀後會有刺痛感以及毛髮倒生的惱人問題）為目標族群的個人護理品牌，崔斯坦・沃克是創辦人。他的新創公司成立五年後被吉列刮鬍刀的母公司寶潔公司收購，總價未公布，但估計在兩千萬到四千萬美元之間，而崔斯坦繼續擔任執行長。

崔斯坦和母親住在皇后區的公益住宅，從小由母親獨力扶養長大。在他三歲的時候，父親遭到槍殺身亡。母親身兼三份工作撫養孩子，崔斯坦從小一直想要找到一條出路，擺脫那樣的生活。

他在媒體上看到的黑人英雄和榜樣都是音樂家、演員和運動明星，所以他曾想成為一個運動員，但卻無法進入籃球隊。幸運的是，他是成績全A的學生，所以教練建議他，向他所就讀的公立（州立）學校在籃球場上的對手學校之一提出獎學金的申請。這個方向奏效了：他高分通過考試，並且選擇了全國最好的學校之一——康乃迪克州的霍奇科斯中學。他說在寄宿學校的那四年，是他一生中改變最多的時候。

崔斯坦在大學裡表現優異，並且以全班第一名的成績畢業，之後他透過一個叫做「教育機會贊助商」的機構，在華爾街找到一份工作——那個機構為商業界的少數族群提供訓練和實習計畫。

他說自己強烈渴望變得富有，而這是他在菁英寄宿學校裡看到的——富裕。不只是錢賺得快，不只是富有，而是可以傳給下一代的財富，扎扎實實的**富裕**。那才是他想盡快得到的東西。

他找到一份很好的工作，結果二〇〇八年經濟大衰退，他丟了工作。

他的運動員生涯沒有實現，華爾街生涯也沒有實現。當時的他只有另一個想法：成為企業家。

所以他去了史丹佛大學。由於史丹佛是矽谷的核心基礎，而且和那個地方密不可分，於是他「發現」了矽谷。像他那樣的孩子，在成長過程中是沒有聽過史丹佛的。在矽谷裡，有些二十四歲的年輕人已經是百萬富翁了，那令他腦海中靈光一閃。

當時是推特發展的初期，崔斯坦意識到這家新創公司開始發揮影響力。所以他決定到那裡當實習生，當時他們只有二十個員工。這次經驗給他極深遠的洞見，並且接觸到新創公司的世界。

後來，他注意到一個以地理位置為基礎的應用程式 Foursquare，也開始受到歡迎，於是他設法聯繫上它的執行長。Foursquare 的總部在紐約，所以當它的執行長終於回覆崔斯坦，並且表示對他有一絲絲興趣時，崔斯坦立即跳上飛機到 Foursquare 工作。

崔斯坦是他們的業務發展主管，也是他們的第一位員工。

崔斯坦在 Foursquare 培養出他的經商和銷售技巧，後來成為傳奇公司 Andreessen Horowitz 的駐點創業家。Andreessen Horowitz 是最知名和最有影響力的風險投資公司之一，由合夥人之一的班．霍羅維茲擔任指導顧問。

崔斯坦在那裡待了九個月，努力構想一個關於新創公司的**大**點子，他考慮過減肥、銀行業務，甚至水、陸、空運輸業。

但是他最重要的洞見，那個處於他事業核心、且讓他的個人護理新創公司與其他公司不同的洞見，即源自於他本身。他是一個非裔美國男性，每天都要應付用過刮鬍刀後的刺痛感和毛髮倒生的問題，他了解那些跟他一樣長著粗捲毛髮的人，市面上沒有任何一家公司顧慮到他們刮鬍子的問題。

這就是他的靈感來源，這就是他的點子和獨到的洞見。

崔斯坦的不平等優勢是，他就是自己新創公司的目標族群。他要解決自己的問題，對於這個目標族群的痛處已經有了答案，這樣的洞見讓他成就斐然。

戶戶送——為洞見而奮鬥

崔斯坦．沃克的例子，是以搔到自己癢處而想到點子，這只是成功的其中一條路徑。其實，如果你自己不是目標族群，只要你願意花時間和其他的族群談話，並且把你的才智應用到克服他們恐懼和挫折的地方、他們的痛處，幫助他們實現夢想、慾望和抱負，仍能設計出受歡迎的產品。

當許子祥創立戶戶送公司（Deliveroo）時，他自己也是目標族群——但在創業的過程中，他領悟到必須掘得更深，才能了解客戶所面臨的各種問題。

許子祥曾經待過銀行業——紐約的摩根史坦利，每週工作一百小時，他習慣點餐外送到辦公室。當工作地點轉換到倫敦時，他發現比起紐約，英國首都嚴重缺少外送服務。這樣的洞見來自於他在兩大城市經常長時間工作的特殊經驗，然而，許子祥發展出更深遠的洞見——一個他必須努力的目標。

他創立戶戶送之後，決定自己騎腳踏車當外送員到處送貨，每天八小時，每週七天，就這樣持續了九個月！大部分富裕的創辦人若能雇人去做某件事時，絕不會這樣自找麻煩。然而，許子祥想了解食物外送流程的第一手資訊。他不僅深入了解為他工作的外送員所要面臨的挑戰，他也從餐廳和其他外送員身上，一點一滴蒐集到寶貴的資訊。他們不知道他是創辦人兼執行長，所以他就像微服出巡的大老闆。最關鍵的是，他從客戶身上得到深刻的問題。他能夠將所有可能的障礙和困難，從頭到尾看清楚，這是很少企業家願意做的事：捲起袖子，不辭辛勞到這種程度。

（許子祥的前同事初期會叫戶戶送，只是想看看這個前銀行業者淪落成外送員的樣子。甚至有一回，他外送到位於騎士橋的一間豪宅時，豪宅的主人震驚地看著他——他認出許子祥，他曾和許子祥一起在銀行共事過，以為許子祥一定是遇到了什麼困難才會淪落至此。）

許子祥沒有離開他的目標市場，但即便如此，他仍必須為自己的洞見奮鬥。你想開展的事業也許跟自己目前的情況沒什麼關聯，即使如此，從蒐集資訊開始，絕對比置身事外、還大喇喇跟所有人說你的產品有多切合實用好。

以才智和洞見做為你的不平等優勢

就跟錢是一種不平等優勢一樣，你可能已經很清楚自己在才智上是不是比一般人更勝一籌，尤其是「很會讀書」這方面。在你的一生中，也許有人告訴過你，你很聰明，你可以用成績來證明。如果你擔心自己缺乏這方面的才智，那麼對於教育與專業（第十章），或歸類在地位（第十一章）的自信，你可能就要多費些功夫。多閱讀、磨練技巧和改善自信，這些都是你有辦法做到的事。

不過，在談到「生活智慧」（社交與情緒智商，甚至是創意）時，你可能就沒得到這麼多的回饋了，而且也不確定這是不是你能力中的一部分。這種情況格外真實，因為這類型的才智在學校裡根本很難評估。

所以你要自己評估，或是向一些比較親近的朋友和同事，請教他們的意見。問問你自己：

- 你在團隊中的表現怎麼樣？

- 你的人際關係有多好？

- 你會讓周遭的人覺得自己更好嗎？

- 你對他人的處境感同身受嗎？

- 你能真正感受到別人的意圖嗎？換言之，如果有人居心不良，你能夠感覺得出來嗎？

這些問題有助於你對自己的評估。若要更深入些，試試我們在第五章（檢視）提過的，像是線上的「五大」性格分類法測驗，或是邁爾斯－布里格斯性格分類法，了解自己具備哪些社交智商相關的條件。

思索你的行為，和別人談談，和評估你的性格，如果發現自己並不是最「懂人」，那也不是什麼大災難。首先，如同我們提過的，可以考慮找一個彌補你不足之處的共同創辦人——一個喜歡團隊工作的人，比較善於社交和情緒調適。其次，還有很多供你選擇的管理課程，還有像是戴爾・卡內基的書《卡內基說話之道》，都有助於改善你的人際關係。只要你開始留意到這些事，在這方面就會變得更有警覺性，或許也能改善你的人際關係。

在談到創意和洞見時，你要問問自己，對於想出解決方案這樣的創意，你有多在行呢？你喜歡挑戰和難題，並且願意嘗試解決嗎？你對於自己的環境、你周遭的人以及他們的感受，有觀察力和好奇心嗎？你留意過自己在日常生活中遇過什麼不便和問題嗎？你認為可以怎麼解決？

總而言之，要培養才智和洞見，你必須：

一、培養你的好奇心。

二、提出更多問題。

三、做更多的試驗。

四、對於人們的**感受**和影響他們情緒的事物要多加關注。

五、當人們抱怨做某件事情很痛苦或不便時，要多加留意，這些都是寶貴洞見的金礦（更多討論請見第十四章——點子）。

六、更加注意你自己的情緒和心情，別讓它們支配你的行為。

才智和洞見是把雙面刃

才智就像所有的不平等優勢，是把雙面刃。缺少才智（或認知的智慧）可能會讓你想雇用「聰明」的人，或將工作外包給他們；也會讓你比較想丟出問題然後聽取大家的意見——尋找能夠指導和幫助你的專家和業者。或許你不是最聰明或最具洞見的人，但你還是可以學會建立一支團隊，而這團隊可以協助你達成目標。理查．布蘭森說，這就是他成功的方法。

他在校時學習困難（後來發現他有閱讀障礙），他從小就學會要「委託」那些比他「聰明」的人。藉由這個方式，他學到了寶貴的管理和人際技巧。

相同地，有些情況，太聰明也可能是成功的障礙。為什麼呢？因為大腦能夠預見所有的障礙和困難，有些智慧極高的人也許設想了五十種走向未來的方式，但也發現這些方式都困難重重。很多創辦人成立公司後都說，假如當初他們知道事情有這麼困難，也許就不會去做了。然而，回顧過去，他們很高興自己還是做了。你需要一點天真的樂觀，才能成為新創公司的創辦人。

相同的道理，純粹根據你個人經驗的深度洞見（搔對自己的癢處），也可能產生誤導，因為你可能只是一小群有這種問題的其中一人。所以，在無法確認你的點子有沒有效的情況下，你花了許多時間和金錢去解決這個對大數人來說根本不是問題的問題，若作為新創公司的點子，它並不具有潛力。這就是為什麼要走出去，為你的洞見蒐集情報是如此重要的原因。

第九章 地點與運氣

卓越成功的兩個最重要條件是：第一，對的時間在對的地點，第二，設法做些什麼。——雷・克洛克，麥當勞開拓者

這本書最後是怎樣完成、並握在你手中的？整個過程都是一連串的偶然。舉例來說，兩位作者都不是透過共同朋友而相遇的，我們也不是剛好在同一家公司上

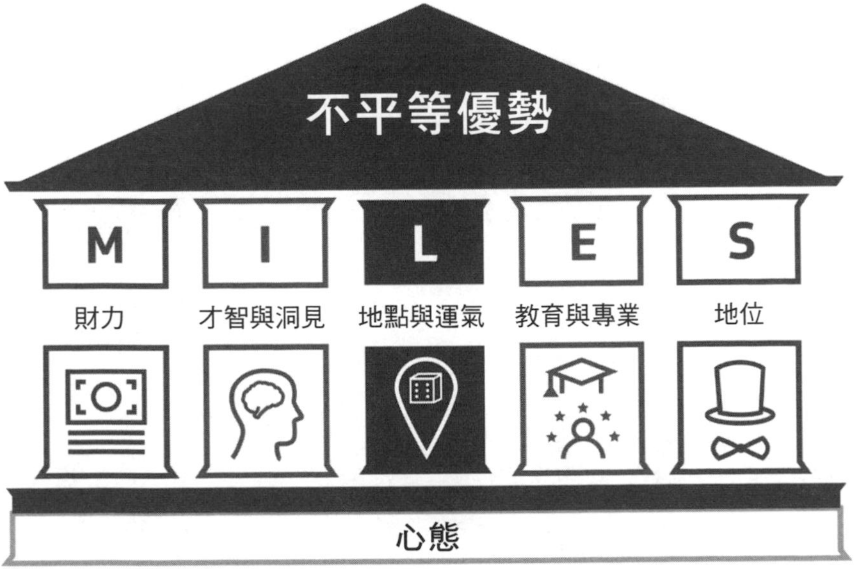

班，又不是彼此的客戶。我們相遇的方式，以及你會看到這本書的原因，純粹是出於偶然。我們參加了一場商業晚餐，而且那不是我們常做的事，我們很巧坐在彼此的旁邊，看著眼前貴得要死的牛排，拿它的品質開玩笑。餐會結束時，才發現我們都住在倫敦的同一區。這意味著哈桑會經過艾許的辦公室，然後建立起友誼和投資合夥人關係，也因為這樣的關係，讓我們一起寫了這本你拿在手中的書。

一連串的偶然。地點與運氣的意思是：對的時間在對的地點。

讓我們從倫敦開始，因為對的地點會提升你的好運。

地點

乍聽之下，地點好像不太重要，直到你了解它實際上有多強大的影響力。在財產和不動產裡，大家都說最重要的三個因素是：地點、地點、地點。這也適用於人和事業。

艾許小時候從伯明罕搬到倫敦，如果沒搬家，他就不會有機會加入 Just Eat。而哈桑隨父母從巴格達搬到倫敦，誰知道如果他一直待在巴格達的話，人生會變得怎樣。華倫．巴菲特說過，他生在美國就是贏得了「卵巢樂透」。這些都是地點與運氣的因素。

談到做生意，我們常常會看到住家附近商店街的店家開了不久又關。多年來，我們也一直看到公司一家家開張，然後一家家倒閉。有些地點似乎就是不好，無論做什麼生意都一樣。

然而，地點對生意真有這麼大的影響力嗎？還是一切都要看生意本身有多好才重要呢？例如，你的精品服飾店開在偏僻的地方，就不太可能有很多筆成交。或是你的新健身房開在難以抵達的地點，想要得到許多客戶報名也是很困難的。

道理顯而易見。如果你把實體事業設在一個不好的地點，客戶就很難發現它，或是覺得麻煩，不想跑到你店裡使用那些設施。

這就是為什麼會出現購物中心或商店街的原因，許多類似的生意在同一個空間相互競爭。這也是為什麼會有飯店區和夜生活區的原因，而且也是彼此競爭的關係。那麼，全球各城市裡的華人街呢？為什麼中國餐廳都要在同一塊地方彼此競爭呢？

很顯然，一定是因為那個地點帶來的利益，壓過了競爭或提高成本的缺點。這種現象在經濟學上叫做「群聚」——產業群聚集在一起。

問題是：群聚是怎麼發生的？為什麼這些做生意的會聚集在一起，即使都是直接的競爭者，即使賣的產品並不仰賴住在鄰近的客戶。

我們來看看一些例子。

好萊塢、寶萊塢、薩佛街、華爾街、金融中心、佛利特街、哈利街、矽谷、東倫敦科技城和沙山路。

這些地方有什麼共同點？

它們都是某種事物的代名詞，也就是說，它們不只是地名，它們已經變成整個產業的代名詞。好萊塢和寶萊塢代表電影產業，薩佛街代表高品質手工西裝，華爾街和（倫敦）金融中心代表銀行業與金融業，佛利特街代表媒體（儘管大部分的報社自一九八〇年代後就不在那裡了），哈利街代表私人醫生和高級會診醫生，矽谷和東倫敦科技城代表科技公司，沙山路（在矽谷裡）代表風險投資人。

但是，做生意不是在競爭狀況沒那麼激烈的地方比較好嗎？

有時候是，但競爭性並非唯一因素。我們舉一個產業群聚的基本例子，首先來看看新創公司王國（它的頭銜無庸置疑）：矽谷。

矽谷的故事

位於加州北部一塊很小的區域，就是世界上百分之六十最有價值的公司（例如：谷歌、蘋果和臉書）總部的所在地，再加上大約一萬家的新創公司。數十年來，矽谷一直是人們創立科技新創公司的地方（「矽」原本是指那一區裡一大群的矽晶片革新者和製造商），現在除了科技外，也有愈來愈多類型的新創公司。

不過，這一切是怎麼開始的？就像一個人透過累積不平等優勢而取得成功，矽谷當初就是匯集了各種要素，如今才能以科技新創公司基地的姿態浮現。一開始是因為地理位置，舊金山港使它成為美國海軍基地，並且在山谷裡建了一個研究用的小航空基地，所以那裡開始創立了一堆為海軍服務的科技新創公司。這要追溯到一九三〇年代，當時的電腦就像房間一樣大。後來美國太空總署搬到那裡，於是山谷裡又湧現更多的研究人員、技術專家和工程師，主要是航太工業的人員。

那裡的世界級理工科（科學、技術、工程和數學運算）研究大學，例如史丹佛，也貢獻良多，尤其提供了很多高度技能的畢業人才。然而在當時，大部分的人才會到外地找工作。丹史佛教授弗雷德．特曼想在那裡創造就業機會，畢業生就不用到別處謀職了。於是，他決定將丹史佛所擁有的一塊新地點，出租給想創立高科技新創公司的人。他最成功的地方在於，說服他的學員威廉．惠利特和大衛．普卡德，把他們的新創公司設在那裡。你應該有聽過他們的公司：惠普企業（Hewlett-Packard），現在就叫做ＨＰ。

其他的因素也許更偶然：倫敦出生的美國發明家威廉．夏克利，在一九五〇年代把他的半導體公司從東岸的紐澤西州一路搬到矽谷，只為了照顧他生病母親。他在半導體上的空前改革，激勵了後來一代的科技工業進步。

以史丹佛為中心，在它周圍成立的革新型高科技新創公司愈來愈多，這個生態系統終於在一九七〇年代來到高峰。當時的風險投資人像是凱鵬華盈和紅杉資本，都開始在矽谷的沙山路設立公司，準備大幹一票。繼蘋果電腦在一九八〇年首次募股達到十三億美元之後，可募得的風險資本金額便扶搖直上。

可得資金、工程師，以及一種叫做「知識外溢」的效應，就是讓矽谷成為新創公司生態系統之翹楚的一股完美風暴。基本上，知識外溢的意思是資訊、知識和洞見在各家公司間傳播開來，只因為它們彼此相鄰。這種傳播很輕易就發生了，像是朋友間、或從一家公司換到另一家公司的室友和員工，分享他們前一家公司的技術、商業洞見和創新方法。

你可以看到，矽谷因新創公司生態系統而具有的世界級優勢，這是很好的例子，說明不平等優勢可以怎樣累積和創造出一個加速度成長且具良性循環的範例。在二〇一七年的時候，全美國幾乎百分之四十五的風險資本都投資在這片小土地上。

它並不是美國唯一的產業群聚（在波士頓、西雅圖、紐約和奧斯汀也有產業群聚）。

新創公司群聚

在英國，我們有倫敦的東倫敦科技城，劍橋的矽沼（Silicon Fen）（也叫做劍橋群聚），還有牛津科技園區，以及其他中心，像是曼徹斯特、愛丁堡和布里斯托。這些公司圍繞著一流大學群聚，因為在那裡可以找到人才和資金。

為了證明和英國其他地方比起來，倫敦的科技群落是多麼格外活絡，倫敦和「夥伴」（一個政府機構）最近發表的研究報告指出，在二〇一八年，英國科技類公司所募得的資金，有百分之七十二都投入在倫敦這些剛起步的事業上。

這類群落也是全球普遍的現象，如柏林、邦加羅爾、北京、深圳和新加坡。（印尼也很令人關注，因為它有雅加達、萬隆和日惹等群落，還有峇里島上著名的數位游牧群落，那些企業家在海邊的酒吧裡用筆記型電腦工作。）

所以，進駐這些具有地點優勢的群落之一，可能是一種真正的不平等優勢，因為比較有管道接觸到投資人、高技術勞工、各種洞見和知識（或是峇里島上美麗又不昂貴的陽光、海浪和沙灘）。你也可以在這些群落裡使用你需要的基本設施，像是高速網路連線。

不過，這種群聚效應不可能維持到永遠——以矽谷為例，裡面愈來愈擁擠，高薪導致生活費用急速上升，迫使許多年輕公司遷往其他的類似地點，例如德州的奧斯汀。

同樣的事情也發生在東倫敦科技城，因為倫敦原本租金不貴的地方突然價格暴漲——霍克斯頓、老街和消迪奇。

所以，這些新創公司群落受到一流理工和商業大學的鼓舞，也因周遭志同道合的企業家和拉生意的掮客而受益良多——他們努力解決問題、創造解決方法，因此成為百萬富翁。

地點也會影響你的氛圍。據說，你的特質最接近花最多時間相處的五個人的平均，所以，就讓你身邊圍繞著具有革新和企業家精神的人吧，他們既有抱負又努力工作，會對你的抱負、態度和生產力產生正面的影響。在我們造訪矽谷時，注意到最重要的事是，他們的想法很遠大。在講到新創事業的時候，他們比任何人都更有自信和抱負。在新創公司群落裡，也有較多你可以從中獲益的相關活動和聚會。

不過，地點不見得純粹是實質上的空間。地點也可以指你的環境，而在網路上，透過社群媒體的追蹤和加好友，以及我們在上面所汲取的資訊類型，也能掌控如何開拓和設計我們的環境。讓你的周遭圍繞著適當類型的人，與企業家和聰明的人為伍，你會得到寶貴的收穫。

人類是社交的動物，很容易受到環境的影響。最快的個人成長和發展捷徑，就是透過我們花時間相處的人。所以，即使你想創立一間不以當地客戶為基礎的公司，仍然值得把地點納入考量。

把公司搬到像是矽谷、倫敦或邦加羅爾那樣的地方，對你的員工、點子和資金的取得會產生正面的影響，此外挑選有名氣的地點，也能在其他方面對你有所幫助。因為接近某些地區（通常是高價區）的優勢關係，地點就可能暗示著地位。如果你說要在好萊塢拍電影，別人比較容易認為你是認真的。如果你要尋找一流的醫生，你會確認他們是不是在哈利街工作。如果有人把他們的名片遞給你，上頭寫的辦公處是在某個超級夢幻的地方，更可能加深你的印象。詹姆斯．卡安就是這麼一個深知地點的重要性、並從中獲利的人。今天他是一位成功的企業家、投資人和BBC電台「龍穴」節目的前「龍頭」（事業成功的投資人）。當他展開第一樁事業的時候，他必須做一個決定：要把辦公處設在哪裡？

由於潛意識對超高價地點的偏見，他捨棄租用廉價的樓房，而選擇位於梅菲爾的一間辦公室。他不介意打開門時必定會撞到書桌的狹小空間，也不介意和潛在客戶會面時可能需要到別的地方。卡安知道，在他生涯的此時此刻，梅菲爾這個地點會讓他的公司看起來比實際上更大。他初次努力的成功，會成為他往後生涯的跳板。

以詹姆斯．卡安而言，實質地點對他的客戶來說有重大意義，幾乎就跟商業街上的商店一樣。但是，這也適用於網路事業嗎？

是的，這次是搜尋引擎的排序。如果在Google搜尋結果中排在較前面，就會讓你得到更多的網站拜訪者。這是因為客戶的懶惰（他們不想一頁一頁地滾動捲軸看結果）加上被列在前頭暗示了品質和地位（暗示你更值得信賴和更有效）的結果。

在Just Eat的初創時期（以埃奇韋爾為根據地的時候），較難找到願意往郊區通勤的人才。當我們多付一點錢搬到東倫敦科技城的時候，加入我們的高技術人員，其價值遠勝過多出來的租金。

在倫敦，你有管道可以參加所有的研討會、研習會、專題討論小組會議及其他的尖端趨勢，這是你在別的地方沒有的優勢。即使你在有些地方必須讓步，搬到比較狹小的空間裡，但是得到頂尖人才和一流資訊的安心，也值得你做那樣的犧牲。

總的來說，地點能夠提供你管道，讓你取得資金（投資者和風險投資公司容易群聚在新創公司群落裡）和高技術人才等眾多好處。

胡達．卡坦——搬到你的群眾所在地

胡達．卡坦是 Huda Beauty 的創辦人，它的市值估計約為十億美元，而她的個人財產估計約為五十萬美元。二〇一七年，她把事業中的一小筆股份賣給一個私募股權公司，讓她成為第一個吸引到私募股權資金的社群媒體美容業網紅。

胡達出生於奧克拉荷馬州，父母是伊拉克移民，爸爸是工程科教授，媽媽是全職母親，她在九歲的時候就開始使用美容產品。她說小時候覺得自己不夠迷人，所以總是對化妝有著很深的興趣。她在閒暇的時候喜歡和她的三位姐妹用化妝品做實驗，並且自己動手做美妝速成品。她很著迷於化妝品，但從未想過它可以成為一種事業。

她在大學時學習商業管理，她對金融很感興趣，而且喜歡處理跟數字有關的東西。

然而在她畢業踏入金融業後，她才發現自己對這一行沒有熱情。胡達對於該做什麼一片茫然，而且原本的工作也沒了，她的家人鼓勵她去美容學院。她去了洛杉磯的Joe Blasco，那是美國首屈一指的美容學院，胡達愛死它了。

她在美容學院的時候開始成為部落客。她每天的生活就是去學校，回家上部落格發文，然後傍晚外出交際應酬、找樂子、建立人脈，讓自己曝光。

（注意她的外向、認真、勤奮。）

這種行程緊湊的生活她維持了好一陣子，但是她樂在其中。

第一年的時候，她部落格的受歡迎度幾乎是零。不過，在努力經營且最後終於成像伊娃．朗格莉亞（Eva Longoria）和妮可．李奇（Nicole Richie）等名人客戶的御用彩妝師，她決定搬去杜拜。因為她膚色較深，且臉形和中東人比較像，更適合中東人的化妝審美觀，所以她覺得自己在那裡會有更多的影響力。

（地點：到基礎群眾和目標市場的所在地。）

有了妹妹的支持，胡達決定推出她的第一項產品：假睫毛。她的姐妹拿出六千美元來投資，然後她們便放手去做。胡達對於品牌的外觀和感覺、產品品質，以及女性顧客在好看的假睫毛上的特殊需求等，都很講究。

她的假睫毛相當成功，連金．卡戴珊本人也開始使用了。

（洞見：她很清楚她的群眾會喜歡什麼樣的品牌和產品規格。地位：她的表現好到受名人和皇室青睞，成為他們的彩妝師，然後又有金．卡戴珊這樣等級的名人使用她的產品。）

她的願景是打進杜拜購物中心的美妝店Sephora，儘管一路上困難重重，但最後她還是做到了。

（心態：強烈的願景，隨著她一路成長。）

我們突顯出胡達．卡坦自己培養出來的與眾不同、且終身受用的不平等優勢，不過我們在此討論她成功的原因之一，地點是她關鍵的不平等優勢。首先，胡達不只讀了美容學院，而且她讀的是**美國頂尖的美容學院**。這間學院剛好位於洛杉磯——潛在客戶的溫床，像是好萊塢名流和想讓自己看起來（和感覺起來）更有名、更亮眼的人。假如她沒有在奧克拉荷馬州待過，她就不會有機會和伊娃．朗格莉亞和妮可．李奇合作。而且如果她繼續待在洛杉磯的話，她很可能就一直是一位幕後彩妝師。她搬去杜拜的決定（她認為基於她的風格和產品，那裡的市場會比較大），使她成為享譽全球的品牌。在你了解MILES架構中所有的不平等優勢之後，你再回頭看一遍她的故事，你會注意到更多細節。

亞馬遜——找一個萬事俱全的地方

傑夫．貝佐斯於一九九四年在西雅圖創立亞馬遜公司，即使當時他還在紐約的華爾街工作。他選擇西雅圖的主要原因有三，首先，他希望便於找到工程人才。西雅圖是當時科技巨獸微軟的根據地，所以任何想要脫離微軟而加入他公司的人，就不必搬家。其次，稅務。他利用法律漏洞，搬到那裡需繳的稅較少。第三，配送。傑夫在剛開始的時候只賣書，但是他沒有自己的倉庫，所以他想落腳最大的圖書配送中心附近，以較快的速度交貨。

BaseCamp——不再執著於辦公室

BaseCamp是一間成功且有趣的軟體新創公司。創辦人強森．弗瑞德和大衛．海尼梅爾．漢森厭惡矽谷裡充斥著高速成長、卻追求不著邊際的事物、卯足全力衝刺的文化。

弗瑞德和共同創辦人起步的方式和哈桑很像，他們透過遠距工作團隊的網路設計代理商，建立一個以服務為基礎的數位化生活型態事業。大衛在哥本哈根（丹麥），強森在芝加哥。

由於客戶愈來愈多，用電子郵件來管理計畫開始變得困難，而他們的洞見是，他們需要一個地方來放置所有專案資訊和檔案，這樣才能做適當的管理。

他們設計了一套在公司內使用的軟體，幫助內部的專案管理。後來客戶開始對這套軟體感興趣，也想在他們自己的公司使用。於是他們就變成一家軟體公司了。

他們自食其力，從不對外募集資金，只根據收入促進事業成長。

強森和大衛的公司是對地點深思熟慮的極佳範例，因為創辦人和他們大部分的員工都住在不同國家。他們沒有把每個人湊到同一個地方，而是接受散居各地的情況，並且把這種情況變成一種分明的特色。他們能夠善用遠距工作的優點，使它為這家公司的文化。

如他們所說：

過去十八年來，我們一直致力於讓BaseCamp成為一家平穩的公司。

我們打從一開始就年年賺錢。我們刻意維持公司的小規模——我們相信，小是平穩的關鍵。做為一家科技公司，我們原本應該在矽谷裡汲汲營營，但是很幸運地，我們遠在芝加哥，員工分散在全世界三十個不同的城鎮遠距工作。

在一年大部分的時間裡，我們每個人每週投入四十小時工作，夏天只投入三十二小時，每週四天。我們每三年給員工休一個月的長假，不只給員工休假的時間，我們還給他們休假的經費。我們是全球最具競爭力的企業之一，這種企業通常由商業巨頭和暴發戶以好幾億的風險資本費用支持和主導，而我們一毛錢也不拿。我們的錢打哪來？我們的客戶。他們購買我們銷售的東西，而我們對他們很好。叫我們老古板吧。

運氣

我發現運氣是可以預測的。如果你想要更多的運氣，就抓住更多的機會，變得更積極，更常拋頭露面。

——布萊恩．崔希，加拿大勵志演說家

無論你有多少技巧和決心，如果你沒有運氣，結果就是零。

——保羅．葛拉罕，Y Combinator 共同創辦人

你或許想知道，為什麼運氣和地點會放在同一章裡。事實上我們來來回回提過好幾次，也一直在強調：「對的時間在對的地點。」

我們在書中已經討論過運氣，但是值得回顧一下對的時間和對的地點這個部分。時機對於新創公司是至關重要的，所以問題是：為了提高我們取得正確時機的機會，我們應該做些

什麼？

接下來我們要討論，我們要怎樣做才能提高我們得到運氣的機會。答案是：改變心態。聽起來好像不切實際，但這是有科學根據的。

掌控正確的時機

比爾．葛洛斯在一九九〇年晚期創立了Idealab，是最早的新創公司育成機構之一。自然地，他有些疑惑有待解答。他想要知道，到底是什麼造成新創公司的成功和失敗？

在研究中，比爾和他的團隊挑選出Idealab前五大績優新創公司，以這五大新創公司和他們曾經極看好、但最終仍然失敗的五家新創公司做比較。假設他所挑選的這些新創公司都有充裕的資金，他會根據以下三項要素來檢視他們的差異：

- 時機
- 團隊和執行力
- 點子

比爾．葛洛斯相信，獨特的點子必定是新創公司成功與否的關鍵要素。但研究結果指出並非如此，點子排在第三，團隊和執行力排第二，**時機才是最重要的**。

最重要的要素是時機。在成功與失敗的差異中，時機的因素占了百分之四十二……不過這並不是絕對的答案，並不是說點子不重要，然而點子並不是最重要的，這點確實令我大感意外。點子遇到正確的時機，它的重要性會更大。

比爾早期的其中一家公司 GoTo.com 網站（之後重塑品牌形象，更名為 Overture），它是最早的「點擊付費」搜尋引擎。起初他以為這網站的成功來自於這個點子的威力，但現在回想起來，他認為它的成功大多要歸因於時機。

這些事告訴我們，正確的時機對於一間新創公司來說有多麼重要。

雖然你無法改變你出生的時機，但是對於你的新創公司的時機，你至少還有些掌控能力。對於創立一家新創公司來說，時機代表著趕上社會和科技轉變的大浪潮（不是一時的流行或風潮），要看準大趨勢。

就像之前提到的，伊凡．史匹格及其共同創辦人具有洞見，看得出年輕世代（Z世代）的轉變——他們更懂得用自拍表達自我，且喜歡用影像溝通。那時候剛好遇到智慧型手機可以上網以及高品質前鏡頭相機的科技趨勢。他們看準了時機，而且他們的成功有部分可以歸因於他們出生的時機，因為他們本身也是年輕世代。

另一個有關好時機的例子是Just Eat，在技術上，它趕上了智慧型手機和應用程式開始流行的時候，在社會上，人們愈來愈少用手機講話，也愈來愈少用手機向餐廳訂餐，反而是愈來愈喜歡透過網路或應用程式下單。Just Eat首次公開募股的成功，也因為正確的時機，那時候我們是第一個被倫敦證券交易所列為科技友善高成長股。這真的有助於讓我們得到的評價比期望中高（首次公開募股最重要的就是時機）。

在時機上，你可能太早、太晚，或剛好趕上。

舉一個時機太早的例子，過去幾年，虛擬實境掀起了許多風潮。似乎在二〇一四年就快要爆發成一種趨勢，當時臉書以二十億美金，買下研發虛擬實境頭戴裝置Oculuc Rift的新創公司Oculus。從那時起，我們開始收到來自虛擬實境（VR）和擴增實境（AR）新創公司數不完的募資推銷和簡報。然而到了二〇一九年，虛擬實境技術在主流運用上似乎仍嫌太早，它的頭戴裝置很厚重，而且很多人在使用時會有暈眩的感覺。我們相信這股趨勢終會到來，但現在就是太早了。

太早或第一個進入市場，並不是件好事，因為你必須教育潛在使用者和客戶，讓他們知道使用這產品有什麼好處。教育市場是一件非常耗費成本的行銷活動，所以相當具挑戰性。

另一方面，太晚指的是新創公司進入一個已經充滿競爭者的市場——在過去已經發生過爆炸性成長的市場。這表示，你所進入的行業已經有太多成功的經營者，但它的成長已經達到了高峰。還記得我們之前說過，在今日已經不可能在搜尋引擎上仿效谷歌而獲得成功嗎？那是因為搜尋引擎已經到了「太晚」的局面，唯有做出什麼革新性的產品，才有可能成功。

理想的狀況是，瞄準一個雖然很小、但持續成長的市場，這代表你已經在正確的時間進入了一個行業。所有的獨角獸企業，如同之前提過的，都是這種狀況的最佳例子：谷歌、亞馬遜、臉書、Netflix 等等。

所以，那就是時機，然而，我們現在要問的是，你能夠改變你的**運氣**嗎？意思是，你出生的時間已定，但你有辦法提升自己遇上好運的可能性嗎？有沒有什麼祕訣？

根據心理學家李察．韋斯曼博士的說法，這是可能的。根據他的研究，主要是心態的問題。換言之，你的想法能夠創造運氣。如果你認為自己是個幸運的人，那麼你就比較會得到好運。如果你認為自己是個倒楣的人，你就比較會碰上壞運。如此說來，你真的可以創造更多的運氣。至於怎麼做，在本章結尾會提到確切的方式，包括如何提升你的運氣，我們也分享了自己的建議。

在提供建議之前，讓我們先看看關於運氣、時機和地點的一些例子。

任天堂——掌握歷史性的重大時刻

自十八世紀末以降，日本政府開始對賭博立下嚴苛的規定。每當有新興的紙牌遊戲，那些位高權重者就會採取嚴厲措施，禁止那項遊戲，並驅趕那些玩家。不過到了一八〇〇年代晚期，嚴苛的規定開始鬆動，政府接受任天堂創辦人山內房治郎的花牌。然而，日本仍然禁止外國的遊戲紙牌進入市場。

這代表什麼？這代表山內房治郎能夠把一項遊戲帶進一個亟需娛樂的世界裡。他夠幸運，他出生的時代正好讓他遇到市場上的歷史性缺口，那是一個空前絕後的機會。他看到了那個契機且及時把握住，他的紙牌幾乎讓所有的日本人為之著迷。

兩個世紀後，任天堂仍然掌握了推出新產品的完美時機點，時機點可以說是他們從前到現在之所以能夠發行出色遊戲的關鍵要素，而且他們也預測到、創造了時代趨勢，例如瑪利歐、薩爾達和寶可夢電玩遊戲，市場表現非常亮眼。

戶戶送——備好點子，等待時機

創立於倫敦的戶戶送，執行長許子祥知道這個點子是行得通的，因為他看見日常裡所發生的問題：人們想要食物，卻不想自己出門買。由於親自體驗過紐約方便的外送文化，許子祥預測一個類似的方案，若在英國會多麼地成功。我們在之前的章節提過，這項洞見是戶戶送非常重要的不平等優勢，但是在這裡，我們要看看地點和運氣對他們的影響。即使戶戶送提供的服務類似 Just Eat，但是它仍然成功地拿下一部分市場。戶戶送的主要訴求，不在於為一般的餐廳做外送，許子祥只著眼於較高級的餐廳，而且只著重於還沒加入外送系統的餐廳。

為什麼這行得通？部分原因是許子祥開展事業的地方，是倫敦較富裕的其中一個地段——切爾西（Chelsea）。對於他的事業來說，這是一個極好的地點，因為他知道可以鎖定那些富裕到可以負擔昂貴餐費的客戶。就像紐約一樣，首都裡充滿了沒時間的有錢人，他們希望食物可以直接送到門口或辦公室。

此外，戶戶送也是有關時機的絕佳例子。許子祥從二〇〇四年就開始醞釀戶戶送的點子，但是直到二〇一三年之前都沒有發動。這期間發生了什麼事？唔，跟 Just Eat 剛開始的生意模式不一樣，在他的願景裡，許子祥看見一群敏捷的快遞員把食物送到客戶面前，但是，他希望能夠追蹤消費者的習慣。那有什麼問題呢？因為當時的科技還沒發展到那個程度！當科技到位時，許子祥已經準備好將他的點子付諸實現。當時戶戶送在倫敦沒有其他競爭者，所以他是業界裡的第一名。雖然許子祥必須等待漫長的九年，才有機會創立戶戶送，但是當公司一旦成立後，他便將戶戶送引領到獨角獸企業的地位（價值超過十億美元）。

讓地點和運氣做為你的不平等優勢

我們都知道地點很重要，在選擇居住地點時，我們都會考慮當地的便利性（學校、交通網絡、公園或體育館）和其他因素，例如犯罪率（不管我們是否喜歡那個區域），以及當地社區的近況。所以，對於展開事業的地點，我們為什麼不給予同樣的關注呢？

乍看之下，我們似乎無法控制地點這項不平等優勢（我們無法選擇出生地），但它應該是最靈活的：你可以搬家！

只有你自己知道你的事業需要什麼，所以，問問你自己，你是否可以選擇更好的地點。為了讓事業得到最好的成功機會，在創立公司之前，你應該問問自己，是否已經就定位——實質上的和網路上的。

- 你附近有其他性質相似的生意嗎？
- 你容易找到建立事業所需的人才嗎？
- 你容易找到潛在客戶或顧客嗎？

思考一下，對於你的事業，你所選擇的地點會造成什麼樣的加分或阻礙？你也許隱身在住宅區，但是這能讓你的一票人才開開心心就近上班。你也許擠在狹小的辦公空間裡，但是你的優越地點能加深潛在客戶的印象。

如果你是經營一人公司，可以考慮在家工作，省下通勤費，可是整天穿著睡衣會影響你的生產力。花點錢租個共同工作室也許會影響你的獲利，但能擴展你的人際網絡。衡量得失利弊，然後評估地點是不是你事業的關鍵要素。

如果你覺得你的實質地點不夠好，那麼你有兩種選擇。你可以搬到別的地方，或是學會發揮網路的最大效用，雇用來自世界各地的人，讓他們遠距工作（就像 BaseCamp 那樣）。

若是這樣的話，考慮網路上的「地點」也很重要。你的網站夠吸引人嗎？它的排名如何？投資好的「搜尋引擎優化」和傑出的設計是關鍵點。如果你的網站會讓人再度光臨，那麼你在眾多類似、但設計得一般般的網站裡，馬上就會得到你的不平等優勢。

如何讓自己更好運

所以，地點，跟運氣那種變化無常的東西比起來，似乎簡單得多了。

但是，把運氣當做你的不平等優勢也是可能的。我們已經談過心理學家李察．韋斯曼博士的理論——你可以創造你自己的運氣。那麼，它在實務上代表什麼呢？

在韋斯曼的著作《幸運人生的四大心理學法則》中，他將幸運的人創造財富的四個基本原則界定如下：

一、為自己創造最多的機會

在這個階段，韋斯曼說，光是對的時間在對的地點還不夠，你還需要對的心理狀態。他做了一個有趣的實驗來證明這點。他要求兩個志願者——認為自己很幸運的馬丁，和認為自己很倒楣的布蘭達——在一家咖啡館等待進一步的指示，目的是把兩個相同的機會呈現在他們眼前，然後觀察他們各自的反應。韋斯曼刻意在他們看得到的地板上放了一張五英鎊的紙鈔，並找人扮演事業有成的商人坐在其中一張桌子旁。

結果呢？馬丁注意到那張五英鎊的鈔票並撿了起來。幾分鐘後，他開始跟商人攀談，甚至請他喝咖啡。

布蘭達沒有注意到那張鈔票，直接從它旁邊走過去。即使她和商人同桌，她也只是默默地坐在那兒。

實驗後問到他們那天早上的運氣時，馬丁興奮地說他撿到錢，還遇到很有趣的人；而布蘭達則是一片茫然，說自己度過了一個平淡無奇的早晨。這個實驗顯示，一直尋找機會和創造機會有多麼重要。馬丁的觀察力敏銳、主動、善於攀談，所以能夠和陌生人製造友善的關係，而那個人對他的人生可能具有潛在的附加價值。布蘭達比較消極，所以錯過了這樣的機會。雖然這是天生個性外向的人比較擅長的事，但即使是個性內向的人，也可以努力變得更願意接受各種機會和際遇。

二、信任你的直覺和感覺，尤其是你有過相關的經驗

在一項由一百多人自述「幸運」和「倒楣」的調查研究中，超過百分之九十的幸運者說，他們信任自己對人際關係的直覺，而且有超過百分之八十的人，在做生涯決定時也是如此。這是因為，以潛意識和過去的經驗判斷目前的狀況是十分精確的。比如，某些肢體語言的訊號會讓你開始不信任某個人，那是因為你知道那些訊號代表說謊。

然而，小心別做過頭了，因為潛意識也包含了成見和偏見。在你的事業和新創公司中，可能也有許多事情是與直覺相違背的。所以，你可以某種程度上信任自己的直覺，但也要保持警覺，別讓它主導你的行為。這種情況的另一種說法是：信任你的能力，並且要足智多謀。

三、期望好運降臨

自我實現的預言是真的，這也是為什麼馬丁比較容易注意到鈔票的原因。如果你嘗試並期望發現機會，你就真的比較容易察覺到機會的到來。這也是樂觀主義的一部分，它的力量非常強大。

問問你自己，你曾經在什麼時候有過片刻的幸運。

我們的一生當中多少都會遇到好運，重要的是，我們要因此感激並且思索它的意義，甚至期望有更多的好運。

四、將厄運轉變為好運

任何一條通往目標的道路上，都存在許多阻礙和挑戰，這是常有的事，你無法控制。你所能掌控的是自己如何看待它們，以及它們對你產生什麼影響。如果你運氣不佳，你就坐下來放棄了，那是你的選擇——這種行為只會讓事情更糟。但你也可以把它當做一次學習的機會，下次可以做得更好。你會發現一條嶄新的道路，一個更好的目標——你得到了推動力，這是多麼幸運啊！

你可以把注意力放在你所感激的事情上（而非你所沒有的東西），來創造你自己的好運。換句話說，就是擁有感激的心態和充分利用你所處的境況。望向事情的光明面。

問問你自己，你是否曾遇到壞事，但結果卻變成一種福氣和好事。

這是常有的事。我們生活中短淺的眼光，永遠無法預料事情最後會變成怎樣。

所以，很顯然地，我們無法全然掌控我們的運氣，但是我們可以經由正確的心態，為自己籌謀佈局。

在這四項原則之外，我們還要做一個重要的補充：

採取更多行動

做更多的事，認識更多的人，參加更多的聚會，在部落格分享你新創公司的故事，製造產品並且發售，獲得回饋，把更多的東西推向世界。這些都是增加你運氣強而有力的方法，因為就像擲骰子擲出兩個六一樣，你想擲多少次都可以。可以肯定的是，你只要一直擲下去，終究會擲出兩個六。那樣做增加了你的機會，因為沒有人會計算你在一生裡嘗試了多少次。

地點和運氣是一把雙面刃

選擇「群落」地點也是有缺點的，例如花費可能很高。換了別的地方，你可以用比較低的成本雇用員工，有比較便宜的辦公空間和較低的生活消費等等。省下這些錢，可能大大有助於降低你的消耗率和延長資金耗盡時間。還有，就像員工遍佈全球的 Basecamp 和遊遍世界的數位游牧者，你可以找一個非群落的地區為據點，這樣可以吸引到住在遠方的高技能員工，順便鍛鍊你遠距雇用員工和工作的技巧。這在維持經常性費用和低員工成本方面是一種強而有力的方法，而且你仍然有管道可以找到許多高技能人才，這就是哈桑所使用的方法。

一個「不優」的地點，例如沒有什麼新創公司生態系統的小城市，也可能是一種優勢。你在這裡可以看到一些未被滿足的市場需求，這是在大都會或高度競爭地區的人永遠不會發現的。生活支出較少，在你轉虧為盈之前，可以讓你的新創公司撐得更久。再者，你現在有動機和遍佈全世界的人遠距工作，從此打入全球勞動市場，而不僅僅是沿街召募人員。

萬一你真的選擇在矽谷，或東倫敦科技城呢？你在那裡找得到優勢嗎？是的。在一個極佳的地點租廠辦可能貴得離譜，要不就是那裡的人才太貴又不夠忠心。為什麼？因為其他公司總是不斷在挖角人才。

在談到運氣時，如果指的是你堅決不畏艱難去做某件事，那麼，光靠運氣還不夠。你不夠幸運，不是富二代？那你可以自食其力。沒遇到可以合作的程式專家？那你就訴諸老方法，透過關係和多認識人。

運氣來得太早也可能是缺點。當運氣太快降臨在你的事業，例如太早成功，你那時可能還沒磨練出面對被拒絕時的厚臉皮，或是接納不同意見的雅量。你也可能誤以為自己在管理和領導上很在行。你可能也看不出點子的時機是否恰當，而誤以為你的成功就是時機點正確，而非其他原因。來得太早的成功，可能阻礙了你的成長，因為你少了磨練的機會，也無法以後續的產品維持你的成功。（就像第一支單曲大受歡迎的歌星，但後來的作品都沒有爆紅，成了永遠的一曲歌手。）

第十章
教育與專業

沒有財富比得上知識，沒有貧窮比得上無知。——阿里·賓·阿比·塔利卜

教育

你從學校畢業後，教育卻不曾停止。事實上，在你還沒上學之前就在接受教育了。自從你一出生，人生就是一連串的學習。

即使艾許現在求知若渴，他也絕不適合去念大學，自學和自修對他來說才是最有效的學習方式。當時他的同伴都到各大學就讀、聊著最近的派對、很開心獲得自由時，他卻做了最沒吸引力的選擇——Staples，販售辦公室用品的商店。

他以前的同學在寒暑假時和新交往的男女朋友一起度假，他卻要幫客戶挑選電腦。他們結交新的朋友，一起度過刺激的大學生活，而艾許卻在研究產品保證書。在他們喃喃抱怨要念厚厚的指定讀物時，艾許偷偷溜到圖書區，只為了學習更多關於網路和全球資訊網的東西。

艾許在學校時拿過幾科A，也試過考取其他文憑，但就是沒有用。他從預科學校輟學兩次，沒上大學，但是現在的他，以任何標準來看都是非常成功的。

艾許屬於少數的特例。世界上最成功的事業，大部分是由念過大學的人創立的。每出現一個沒上過大學的理查．布蘭森，就有幾千個依循傳統路線得到學位、然後打造極成功事業的企業家。

然而，相互關係並不是因果關係，所以，教育實際上會為你帶來不平等優勢嗎？教育重要嗎？

簡單的答案——你聽過之後也不會驚訝——「是」：教育很重要。不過，重點在於你**怎麼**得到教育。我們討論過「才智」，現在來談談如何利用你的才智讓自己接受教育或培養一項「專業」。我們會討論整體的教育制度；以及對你來說，正式教育和研究所文憑究竟是或不是一條最佳路徑；還有各種你可以自學和培養專業的不同方法。

教育的定義，「尤其是指在小學、中學或大學裡的學習過程。」擁有良好的教育就是一項不平等優勢。

中小學或大學裡的是正式教育，而非正式教育指的是你出於自願，對自己進行的教育。

「良好」教育的不平等優勢

所有的父母都希望給孩子最好的，而且他們會竭盡所能去做到。頂尖的中小學和大學非常昂貴，競爭激烈，很難進入，但這是有原因的。

根據二〇一五年的德培禮（Debrett）調查，英國前五百名最有影響力的人裡頭，包括企業家，就讀私立中小學的人超過百分之四十，即使這些中小學只占了所有中小學的百分之七。根據《衛報》的說法，這不僅顯示英國缺乏多元性、菁英越來越少的趨勢，也說明了不管基於什麼原因，上私立學校似乎有助於提升未來優質生活的機會。

讀過私立中小學的頂尖企業家人數多得驚人，其中包括理查．布蘭森（維珍集團）、比爾．蓋茲（微軟）、馬克．祖克伯（臉書）、伊隆．馬斯克（特斯拉和太空探索技術公司）、傑克・多西（推特和Square）、詹姆士・戴森（戴森公司）、里德・哈斯廷斯（Netflix）、里德・霍夫曼（Paypal和LinkedIn）、謝家華（Zappos）、凱文・普朗克（安德瑪）、伊凡・史匹格（Snapchat）、凱文・斯特羅姆（Instagram）、吉米・威爾斯（維基百科）和尼可拉斯・伍德曼（GoPro）。

很有趣，不是嗎？

如果你沒就讀私立中小學，似乎不是好兆頭，如果爸媽無法負擔昂貴的私立中小學，似乎也不是好兆頭。還有，如果你看看菁英大學的資料，來自私立中小學的學生人數，多到根本不成比例，儘管政府不斷努力推動社會流動，並且讓更多家境清寒的學生可以就讀一流大學。

不過，讓我們再仔細分析正式教育和大學文憑的實際優點。

知識、人脈和發出訊號

接受教育有三大優點：知識、人脈和發出訊號。

其中第一項就是教育最明顯的目的。知識是學校教導給你的東西——包括識字、數學和關於這個世界的一切，隨著年齡增長、進入大學，你所學的便更深入且變得愈來愈專業。教育讓你具備應付這個世界的基本工具，例如從閱讀到簡單的數學等等，而且無可否認，上學念書對孩子來說，是取得成功的關鍵。接受愈專精的科目領域，能夠讓你對這世界或某特殊學門有更深入的了解。

其次是人脈。在你進入大學之後，尤其是有名望又很難考上的那種大學，你會遇到其他跟你一樣設法考進那間大學的人。這些人都要經過特定的篩選程序，這意味著你是從一堆聰明又積極的同儕中被精挑細選出來的，這是未來共同創辦人　事業夥伴的理想人才庫。如果這間大學有優秀的企業家社交圈，你也能在大學念書時取得人脈管道，像是教授就是你的潛在業師，也能和投資人聯繫上，甚至大學本身就有投資資金。

最後，你具備發出訊號的資格，即你是通過資歷認證的，向別人展示你對某些工作的技巧和才能。這是教育系統可以協助你展現「地位」和「個人品牌」的面向（我們會在第十一章討論到）。如果你念的是菁英大學，你的地位會大大提升，立即就得到信譽——可以說是「我是聰明、勤奮的天才」的代名詞。所以，這是頂尖大學最強勢的優點。

教育所提供的這三項好處都很強大，儘管各方對大學教育的批評不斷（很大一部分是有根據的）。

在二〇一三年，風險投資人艾琳．李審慎檢視成長迅速的獨角獸公司（價值超過十億美元的新創公司）有些什麼共同點。這些新創公司成立不到十年，有很多神話和浮誇的說法圍繞著它們。艾琳想看看這些資料。

在研究這些資料後，她注意到有一種「神話」確實是真的：菁英大學真的能製造大量獨角獸。不論品質的話，史丹佛大學的產量最多，哈佛大學、加州大學柏克萊分校和麻省理工學院緊追在後。由 Sage 在二〇一七年所做的一項追蹤研究顯示，這些學校的排名順序跟上述觀察結果是一樣的。

對於大部分的企業家或新創公司創辦人來說，尤其是想募集資金的非科技公司創辦人，正式教育是發出訊號、地位和人脈方面的不平等優勢。對於非科技公司創辦人來說，主要的價值來自於如哈佛、史丹佛、麻省理工學院或劍橋、牛津、倫敦大學學院等頂尖大學的品牌力量，以及你在那裡所認識的人。

技術上的不平等優勢

不過，有一種你在大學裡因學習而吸收到的東西，是一項真材實料的不平等優勢，那就是專業技術知識。

例如，要不是兩位史丹佛電腦科學博士生，賴利・佩吉和謝爾蓋・布林在一九九六年完成了他們的學位論文，就不會有今天的 Google。Google 最初的名字是「BackRub」，他們的論文題目（在指導教授和業師的鼓勵下）是關於網路的結構以及他們如何用圖表表示出來。這兩個電腦怪咖只是一直鑽研這種叫做網路的新東西，根本沒有成為億萬富翁的遠大願景。

當他們研發出來的搜尋引擎問世時，市面上已經充斥了各種品牌的搜尋引擎，沒有人認為網路還需要另一種搜尋引擎。然而，讓 Google 成長為世界上其中一家最有價值公司的推動力，是技術上的不平等優勢。賴利和謝爾蓋具有洞見，他們發現一般的搜尋引擎不會產生最佳結果，因為它們只是根據關鍵字去搜尋。而他們獨到的想法是，參考學術引用的模式，這樣的效果好的太多了。他們本身是數學和電腦科學專業，這些技術可以應用在他們發現的問題和創意上，而且真的有用！

在談到正式教育和大學的時候，這樣的脈絡是不容忽視的。有這麼多新創公司群落圍著大學校園發展起來，不是沒有原因的。

這道理在其他領域也適用，例如生物科技，生物學博士將他們的專業應用到有待解決的問題上。他們的不平等優勢就是擁有那方面的知識，以及支持和培育新創公司的強大學術機構。

另一個例子是德米斯·哈薩比斯。他就是我們在才智那一章所討論的天才型案例，他是西洋象棋神童，而且在年僅十七歲時，就和人合作並領導設計了一款極為成功的電腦遊戲：Theme Park。他接受精深的教育，在劍橋大學電腦科學領域拿到兩科第一，他持續研發更多的電腦遊戲，這次他是領先的人工智慧程式設計師，之後創立了自己的電腦遊戲研發公司。後來德米斯回到校園，在倫敦大學學院進修神經科學博士學位，他想從人類大腦中尋找靈感，創造更多的演算法。

一個人的成就清單長到不可思議時，你就知道這人是出奇地聰明。這個世界上確實存在著驚世天才。

最後，德米斯在二〇一〇年共同創辦了DeepMind：一家以倫敦為根據地的機械學習人工智慧新創公司，它的遠大抱負是，先「解開智慧之謎」，然後再運用智慧去「解決每一件事情」。這家公司當然也搞定了財務的問題，因為谷歌在二〇一四年以四億英鎊收購了DeepMind。德米斯的共同創辦人之一，蕭恩・萊格也是一位人工智慧博士。所以，這又再次證明，學術機構不只是發出訊號和表明地位，而是一種真實的不平等優勢。

專業

專業很簡單，它大部分是透過**實作**的自主學習過程。剛開始時，要先學會足夠的理論才能起步，當你將理論運用到實作時，就會得到知識的回饋，大部分真正的學習就是這種模式。這是你成為一個真正專業人員的過程。

艾許在培養自己的專業知識中找到他的不平等優勢，幾年後，哈桑經由一條截然不同的途徑，也找到了他的不平等優勢。艾許的方法是下班後在 Staples 店裡讀書，然後立即把所學到的運用到生活方案裡（賣鞋網站）；而哈桑的做法則是修習線上課程，然後把技術套用到現實生活中。這兩種方法都有效，只要沒有任何事情阻撓你運用學到的知識，而你的目標就是從實作中學習。

如果你沒有財力的不平等優勢，只能靠著死薪水過生活，那麼，培養一種有市場需求的專業知識，就是你脫身的出場券。你可以當個兼職的自由業者，甚或把這種專業知識應用在你的工作中。

專業往往指的是擅長於某種很特定的領域（沒有人是「通才專家」），也就是說，照著你的興趣去做。正式教育和學術機構可以幫你在許多不同學科中打好堅實的基礎，但是不見得能幫你建立專業知識，哪怕只有一種。這也是為什麼重點還是在你身上的原因，沒有正式教育和文憑，你也可以自己培養出專業知識：挑一本書，有聲書或線上課程都可以，然後開始。

學術機構的腳步可能很緩慢，無法跟上雇主需要的所有新技能。舉例來說，管理一家公司的社群媒體，這樣的工作十年前還不存在，數位技術隨著時代需求而不斷擴展，但很多大學跟不上這樣的步調。

至於專業的定義，我們最喜歡費南德．戈貝特教授的版本：某個領域裡的專家，就是「其成果比大部分人都優越許多的人」。

這個定義適用於各個領域，從專業的瑜伽老師到網球超級明星，再到專業稅務顧問。重點是，沒人限定你只能專精於一個領域。雖然你不可能成為**所有**領域的專家，但是你可以培養出一種專長，讓你在許多領域中都有傑出的表現。當一個人做出明確、可以測量的成果時，就會成為、也會被認為是一個專家。本書的兩位作者都在搜尋引擎優化方面學有專精，這種成果是可以測量的，因為你可以在Google輸入關鍵字搜尋後，看到排在前面的網站。我們有效地增加了網站的流量——看得到它明確、有效結果，就像在搜尋流量報告和資產負債表中看到的一樣。這是我們透過試驗和錯誤、向別人學習、然後親自嘗試而學會的事情。

事實上，艾許大部分的專業來自於主業外的工作——他的小副業。要把正職工作中的計畫付諸行動，可能要經過層層管理和決定，然而你的副業，你就是老闆，做就是了。艾許學得很快，學習成果直接反映到他的口袋裡。

如果我們遇到二十出頭的人，總會勸他們不要選擇錢賺得最多的工作，而要選讓他們學習最多的工作。學得多，你就會得到某一行的專業知識，或得到可以進一步培養的專業技術，而且你可能得到一些真正具有價值的洞見，那些洞見可能就是你事業上的點子。

教育能夠給你理論和精深的知識，但是將你所學的運用在真實世界中，並持續學習，才是你成為真正的專家的關鍵。你不只是一個懂得怎麼回答關於某學門問題的人，而且還會親自去做。不管哪種形式的學習，你都必須實際去操作，並且持續發展，才能達到「成果比大部分人都優越許多」的程度。

教育和專業做為你的不平等優勢

你對於自己的教育程度感到滿意嗎？只有你自己知道是不是還要繼續學習，才能達到你想要的境界。我們無法改變小時候接受的教育，但是持續學習這件事，永遠不嫌遲。你可以進修研究所學位，像是工商管理碩士或企業碩士，或者像哈桑一樣修習線上課程，或培養特殊技能（例如寫程式）的夜間進修班。但是，你怎知自己需不需要這些課程呢？

答案取決於許多因素，包括你的其他不平等優勢。例如，如果你還沒有關於新創公司的點子，沒有你喜歡或能從中學到很多的特定職業，但是你能夠負擔上大學的費用，就去念大學吧！在那裡，你可能會遇到你的貴人，尤其若你念的是聲譽卓著的大學或課程，你就大大提升自己的地位，而且擁有更好的人脈。你在商學院會學到個案研究法；或透過學習理工背景的東西，你可以培養出技術方面的洞見；或是經由研究人文科學而獲得重要的高級技能和文化技能。取得碩士或博士學位的人，薪水可能比較高，如此一來，就能更快實現辭職、另創公司的目標。

問問你自己：

- 我具備創立公司的技能嗎？
- 我知道自己的專長是什麼嗎？
- 我想成為怎樣的專家？

你也許已經知道自己有哪方面的專長——你可以把公司的焦點放在自己所擅長的事情上，同時培養其他需要的其他專長，這樣一來，即使你覺得自己缺乏創業的充分技能或專業，也不會一直原地踏步。如果你想建立 MILES 架構中的「教育與專業」優勢，那麼另一條道路就是透過實作來學習。保持「勤能補拙」的心態，不夠聰明就多學多做，便是聚積專業技能的方法。

如果你覺得自己似乎還不具備任何一項專業的話，那培養專業能力的方式有很多種：

網路學習　艾許曾經雇用一個幫他做影片編輯的人，其他人要花一整天的時間，而那個人只用了三小時就把工作做得極好。艾許問他是怎麼學會影片編輯的，他開玩笑地回答：「我有YouTube 文憑。」意思是，他是看免費的 YouTube 影片自學的。這件事情告訴我們，只要你有學習的動機和意願，就有許多方法可以幫你實現。當然 YouTube 也許不是最佳的學習場所，而一個規劃優良的線上課程絕對能幫助你把概念弄得更清楚，而且通常會傳授更多內行人的祕訣和技巧，那是一般人不會在 YouTube 上發表的，以免被競爭者倣效。

參考書籍　書籍內含有很多資訊、實用建議，和世界頂尖成功者的智慧。盡量多閱讀，或是聽有聲書。

業師　不過，你無法和書本溝通。面對專業的實踐者，透過對談及提出專業問題，會迅速增長你的知識。若要認識潛在的業師，你需要拓展人脈，或是花錢買他們的時間，進行一對一的談話，或是聽他們在會議或討論會上的談話。有時候有些演講是免費的，查看看你欣賞的人有沒有在附近辦活動。在新創公司快速啟動指南（第三部分）中，我們會告訴你，如何找到更私人性質的業師的方法。建議你找比自己領先五年的業師，他們可以傳授你最實用的技能，這些技能可以提升你的專業。如果你不考慮找業師協助，而是想找同儕的話，他們身上也有多到不得了的東西可以學習。盡量發揮人脈的優點，直接向他人學習。在你認識的人之中，一定有人知道你還不懂的事情。

自己動手做　最後，而且是最重要的建議，自己動手做！練習。如果可以的話，免費提供你的技能，這樣你才能獲得經驗。為朋友和家人貢獻你的專長，他們會原諒你的錯誤。找到其他客戶，拓展你的人脈，得到他們的回饋。為你自己工作。一旦你對某些技能很有信心，就鼓勵自己再往前進，把那份信心帶到下一個階段。鞏固專業的另一個方法是傾囊相授，無論是面對面、寫文章，或錄製教學影片。這些方法能幫助你二次學習。

你不必成為每件事的專家，那是不可能的。所以你要謹慎選擇，選擇有市場需求、且你也感興趣的事。另外，在你專業以外的領域，學著倚靠別人，尋求協助，而自己有天賦的事，則要加倍努力，花時間從裡到外學個透澈。也許你在某個領域有洞見，但卻沒有專業技能——你很清楚問題所在，但是沒有搞定它的技術。沒關係。如果你傾向當一個通才，而非專家，那你可以找一個具備那個領域專業知識的共同創辦人。這就是不平等優勢的重點——沒有人具備所有的條件。只要找可以互補你所缺乏的專業技能的共同創辦人或創始員工即可。

最後，別害怕涉獵多種領域。如同我們在第八章提到的，很多創意來自跨領域的思考。所以，不要拘束在一門學科或專業知識，向其他領域伸展觸角，你會得到許多寶貴的知識。

第十一章
地位

這個世界往往嘉許功勞的外在表象，更甚於功勞本身。——拉羅希福可

艾許要跟我們分享他從前是怎麼得到一份工作的故事：

當時我在一家公司面試一份我很心儀的高階職務。我以為一切都很順利，也認為已證明了自己是這職務最佳人選時，執行長看了一眼我的履歷，說道：「我不太確定，艾許，我們想要找的是年紀大一點

的人。」

當時我二十二歲，從零開始自學如何架設網站。我離鄉背井，只有帆布袋裡的幾件衣服和口袋裡的六十英鎊。我創立、然後賣掉一個把鞋子銷售到世界各地的電子商務網站。

在這之前，我所有的條件看似充滿抱負、優秀、令人欣賞。但是現在，由於我出生的時間不對，這一切似乎變得沒有意義了。

這不公平，他們怎麼可以因為我的年齡而把我丟到一旁？他們怎麼能夠忽視我所有的成就？

我立即奪回我的履歷表，頂端那欄惱人的字：年齡／二十二歲。我用紅筆畫掉，然後寫上：三十二歲。

我問：「我得到這份工作了嗎？」

你的地位就是你的個人品牌，別人就是透過它來看待你的。你的社會地位、外表、性別、年齡、穿著、站姿、講話方式，都代表了你的地位。它也影響你在別人眼中的可信度。艾許因為太年輕，他能否贏得他人的尊敬？在別人眼裡他是否具備足夠的智慧？艾許畫掉他的年齡，強調那只是一個數字——他的自信、成就和經驗，才是他晉升為候選人的原因。最後艾許得到了那份工作。

地位高的人總是引人注目，很多人想認識他們，很多人想和他們攀關係，很多人想花時間跟他們來往。

地位讓我們聯想到聲望和名氣。念中小學時，有地位就是很酷。長大成人後，地位往往是成功的象徵、良好的教育、優秀的職業。地位和你的人脈有關，也是別人看你的角度。社會學家把它定義為你在別人眼裡的社會價值——換言之，就是你做得出什麼貢獻。

除了這種外在地位之外，也有內在地位。內在地位是指你怎麼看待自己，也就是你的內在心理，它會決定你的表現、自信和自尊，而大幅提升你的外在地位。

我們就從外在地位開始討論。

外在地位

不管怎樣，在大部分的社會裡，以及在一般人的認知中，醫生的地位比護理師高，執行長的地位比實習生高，億萬富翁的地位比靠社會補助過活的單親媽媽高。還有，若你開的車是賓利或藍寶堅尼，你的地位會比你開一台破舊車子時高。

這是我們的社會共識，反映出我們認為怎樣的人有較高的社會地位——而且，由於這個原故，我們對於地位的認知充滿著揣測、偏見和潛意識成見。這種認知造成的影響很廣泛，不只是我們在街上所看到的那樣。舉例來說，照顧家庭是沒薪水可拿的（主要是女性），也因此這些族群在我們的社會中並未引起大量的關注。

此外，地位也跟權力有關。社會地位較高的人，享有更多特權、榮譽，也受到他人的尊敬，因此他們的影響力也較大。

較高的地位會引人注意，讓你成為一個具有影響力的人。社群媒體有眾多的追蹤者，可能會讓你的影響力提高，但也可能是因為你的社會地位很高而大家才追蹤你。不過，即使你的社群媒體沒人追蹤，但你的職業很受尊敬或是在著名公司工作，也會享有較高的地位。

你注意看看，若新創公司的創辦人來自於著名公司或大學，簡介裡一定不會漏掉這點。你可能常看到：「前谷歌員工創辦新公司」、「前高盛主管加入團隊」、「史丹佛輟學生創立新公司」等。你有想過這是為什麼嗎？

提升你的社會地位有很多方法，本章的主旨在於說明地位的力量，了解地位的不同形式和背景，以及最後，如何盡量利用你所擁有的一切提升自己的社會地位。

要記得，地位是你**在別人眼中**可以貢獻價值的能力。價值的形式可以是智慧、娛樂、散播優質情緒、為人解決問題、達成艱難任務、感覺很酷、時髦、成功指南、富有魅力或有趣。所以它比「上層階級」、「白人」或「男性」這些單純的指標更為複雜和廣泛，也可以說，我們在每種情境下，都有特定的地位。

身為或渴望成為企業家的人，在某種程度上，之所以創立公司，其背後的動機或「為什麼」，通常與提升地位脫離不了關係。雖然不見得完全如此，但事實上，我們大部分人都渴望成功、顯現某種重要性，覺得自己很重要。

地位的形式可以是頭銜、階級或資格，像是理查・布蘭森**爵士**，或艾倫・蘇格勛爵；它的形式也可以是著名的大學或公司。跟地位有關的還有性別、階級、身高、種族、膚色、審美觀、財富、語言流利程度、正確口音、高級手錶、高級車子、名氣、有地位較高的朋友，或是釋放出你「很酷」的訊號，或是次文化的一部分。

所有這些，都是大多數人潛意識裡尋找、且會有所反應的社會訊號。身為階級性的動物，人類就像其他的社會性動物，一直試著找出自己在社會階級中的落點。

舉例來說，在大多數的文化裡，年老代表著經驗和智慧，所以值得尊重。即使在西方社會，上了年紀絕大部分是件好事，而且在謀職上可能被視為一種優勢地位的訊號——艾許在本章開頭的經驗就是如此。然而在科技新創公司的文化裡，年輕人似乎比較受到尊重，因為他們可能比較跟得上最新趨勢。

著名的社會學家皮耶・布赫迪厄說，地位包含了三種不同類型的資本：經濟的、文化的和社會的。

經濟資本就是第七章（財力）提到的，就財力、資產和房地產而言，是具體又明確的財富形式。

文化資本與你的社會階級（甚至是你的次文化）有關，它反映在你的口音、證書、各方面的品味、嗜好和消遣、講話的方式、打扮的方式、姿態、持有物等等。

例如，英國政府的社會流動性委員會在二〇一六年所做的研究發現，穿著棕色鞋子去面試的畢業生，錯失大城市裡頂尖投資銀行工作的比例比較大。熟悉銀行業的人一定知道為什麼。為什麼穿著棕色鞋而不是黑色鞋這種蠢事情會是個問題？勢利眼，這就是原因。雇主以外在穿著來判斷人，穿著會告訴他，申請者來自沒什麼特權的社會背景，也就是來自較低階層的意思。《倫敦旗幟晚報》報導：「專家發現，衣著顏色鮮明的勞工階級候選人錯失工作機會，往往是因為他們沒有意識到，『暗沉』的衣著是富家子弟成長過程中所接受的禮教習俗。」

這種情況比比皆是。這是活生生菁英主義的例子，公司不看表現而斷定申請者的「文化契合」度，把多半的工作留給上層階級。該報導補充：「一間銀行告訴一位沒有特權背景的面試者，說他『太突兀』，『感覺沒那麼契合』，而且他的領結太『高調』。」該報也強調，那家銀行雇用的幾乎都是一堆來自菁英大學的人，像是牛津、劍橋和倫敦經濟學院。

社會資本，地位的第三種形式，就是你的**人脈**，你的人際關係，你的人際網絡。我們把這一點放在「地位」裡，因為你**認識的人**是你地位的一部分（這也是為什麼大家都喜歡在談話中提到有地位的朋友的原因，以便提升自己的地位）。你的人脈就是跟你多少有點關係的人，他能為你打開機會的大門，給你寶貴的洞見和資訊，並且就像夥伴和潛在的合作者一樣。增加你的關係、人脈的方法，是透過貢獻價值、找到有共通性的人，且和人們多交際。你的人脈是會回覆你電話、電子郵件或和你開個會的人。

「地位」這元素有什麼特別之處？MILES 架構裡所有的項目，都有助於提升地位。身為社會性的動物，我們所做的每件事幾乎都會受到地位的影響，也會反過來影響著地位。

艾許在伯明罕長大，輟學過，沒上過大學，他的父母是第一代移民，在科技界沒有認識的人可以輔佐他或讓他取得先機。在他的事業剛起步時，他的社會、經濟和文化資本很低。艾許提升地位所能做的原始方式，是透過聚積自己在數位行銷和成長策略上的經驗。這就是他最後成為 Just Eat 首任行銷主管的方法。

你也可以憑藉你的地點來提升自己的地位。成功的企業家和投資人詹姆斯・卡安，也是BBC電台「龍穴」節目的「龍頭」，在事業剛開始時，就刻意使用梅菲爾區的地址暗示自己已經很成功，而且和其他富有且具影響力的人在同一個地區工作。

柯里森兄弟（第八章）顯然從小就極為聰明，他們選擇哈佛大學和麻省理工學院——即使後來他們都輟學——不但為自己的履歷增添了名校的光環，而且也提升了社會人脈。因此，他們的教育提升了他們的地位。

相同地，財力顯然可以提升你在社會上的地位——透過經濟的力量（例如川普）。金錢所展現出來的財富，會讓別人對你另眼相看。當艾許賺到了足夠的錢買了一部保持捷時，他就有過第一手的體會，大家對他另眼相看。

順便一提，炫耀和浮誇在不同的社會背景和文化中有著不同的價值，所以不一定都是好事。事實上，很多有地位的人會特意淡化自己很有錢這件事，例如英國的上層階級，甚至有些矽谷的億萬富翁也是如此。

偏見和潛意識成見

關於地位，很無奈的現實層面是，它與有意或無意的偏見、成見有非常大的關係，這關乎別人怎麼看你，以及你怎麼看待別人。有時候，人們對於你的膚色、種族、性別、年齡、口音、宗教、性徵、姓名，以及你散發出來的階級和次文化信號，帶有先入為主的偏見。

真相是，如果你看起來、聽起來像中上階層的年輕白人、書呆子似的電腦高手，然後他們又發現你從哈佛輟學，你就比較有可能得到新創公司的投資資金。你在募集資金、尋找共同創辦人和吸引實力堅強的團隊上，都有較高的成功機會。

這是從外部條件來判斷一個人可能會產生不公平的地方。

擁有這些特徵並不保證就會成功，那絕對不是最重要的事。但不可否認的是，它們真的有幫助。

如果你認為自己不具備這項不平等優勢，你就不適合那樣的方式，但，還是有好消息的。身為一個「門外漢」，你可能會有強而有力的洞見，這種洞見是一般典型的年輕創辦人可能會忽略的。換句話說，地位是把雙面刃，就像其他的不平等優勢一樣。

很多公司開始重視多元性和包容性的價值，因為帶有不同視野和社會次文化的人，對公司來說是有助益的。多元性不只是種族或性別，雖然這兩者也很重要。多元性和其他各種因素有關，無論是不同的社經背景、種族淵源、宗教、性別取向或政治傾向。

差異性能夠帶給你洞見。還有，如我們所討論過的，洞見是一種非常強大的不平等優勢。

你從崔斯坦．沃克的例子（第八章）和他的個人護理新創公司中可以看到。他能夠發現尚未被滿足的需求，只因為他是非裔美國人，並且切身體會到那個事實。

另一個例子是 Spanx 的創辦人，莎拉．布萊克莉。身為一名女性，這有助於她發現實際的需求和獨到的洞見。以下是她的故事：

莎拉．布萊克莉——運用你的門外漢身分

Spanx是莎拉．布萊克莉所創辦的「塑身衣」公司，價值數十億美元，所以她現在是一個億萬富翁了。她的奇妙故事包含了膽量、果斷，當然，還有一點運氣。

莎拉是一名律師的女兒，在佛羅里達的中產階級家庭長大。她自佛羅里達州立大學通訊系畢業，也嚮往成為一名律師。

然而，她早年失敗過幾次。首先，她沒通過法學院入學考試，儘管嘗試過兩次。然後她降低標準，試著爭取迪士尼樂園裡高飛狗的角色，但也失敗了，因為她不夠高。接著，她甚至試過大多數人都望之卻步的事：脫口秀。她又再次失敗了。

最後她當了推銷員，挨家挨戶兜售傳真機。這份工作十分嚴酷，她花了七年時間，幾乎每天被拒絕。人們會掛斷她的訪問電話，或當面撕掉她的名片。

有好的方面嗎？她訓練出厚臉皮，以及在工作上把「不」變成「好」的能力。這對她來說真的已經駕輕就熟了。

「那是一種生活訓練，」布萊克莉說，「我必須學會簡潔明瞭告訴人們這商品對他們有什麼好處。」

然而，那份工作不能讓她成就自我，她想要的不只是一份工作。

有一天她把車停到路邊，她在車裡，心情降到最低點。她再也無法忍受被拒絕和吃

閉門羹，她決定辭職。

「於是，那晚我回到家，在日記上寫下：『我想發明一種能夠賣給數百萬人而且令他們感到舒適的產品』。這是我的打算，我誠心請求上天給我一個有用的點子。」

她有這樣的願景，她的目標是想到一個驚天的點子，一個也許能讓她上「歐普拉脫口秀」的點子。

事實上，可以上「歐普拉脫口秀」、坐在電視裡的那張沙發，是她大學時的第一個願景和夢想。她不知道要怎麼做，但那是她想要的。起初，她以為可以用律師身分，辦理一件有名的案子，就能到那裡上節目了。後來，她又覺得以脫口秀為業，能讓她坐到歐普拉的沙發裡。

但是在她的推銷員生涯中，她得到了一項洞見。因為工作，即使是佛羅里達炎熱的天氣，她還是必須穿上緊身褲襪，她討厭腳被悶住的感覺，但又喜歡褲襪上半部束緊的效果，看起來身材更緊實，又不會顯露出內褲的痕跡。有一天，她為了參加派對，把褲襪的足部剪掉，突然間她靈感湧現，雖然緊身褲的褲管曲捲在她的長褲下，但她找到了想要的結果。

這是她靈光乍現的時刻，用這個點子做出來的產品將會吸引數百萬的女性。這種洞見是男性絕對不可能有的，因為它是女性獨有的經驗。

她親自研究、並申請了這項專利，然後憑著一己之力（意思是她沒有募資）和推銷技巧、衝勁、膽量和五千美元的存款，一路走向成功。

她將產品研發出來後，就裝在禮籃裡送給歐普拉。結果，她真的很幸運，產品讓歐普拉讚不絕口，向每一個人推薦它。她的夢想成真了。

這突如其來的好運讓她的事業大幅加速成長，這份成就，正是來自於她注入在事業中的積極和衝勁。

她坦承，自食其力是因為她根本不曉得可以從投資人那兒募集到這麼多錢，她不知道可以這麼做。但是她夠幸運，她成功了，而且百分之百擁有自己的事業，對於規模這麼大的公司來說是很罕見的。

所以，如你所見，莎拉．布萊克莉將許多人認定的潛在劣勢（女性創辦人）轉變成優勢，這是唯有身為女性才會具備的獨到洞見，並將它發揮到最大的影響力。

身為少數群體的地位，無論是少數民族，例如崔斯坦．沃克，或來自勞工階級背景、帶有濃濃區域性口音的白人，甚至是一位女性（在人口中顯然不是少數族群，但在新創公司創辦人中仍屬少數），你可以為了自己的需要而研究出某種產品。你的地位是把雙面刃，因為它把你突顯出來，因此也會讓別人留下深刻印象。

最後，我們的重點來到如何讓事業順利運作。如果你不符合投資人想投資的典型模式——不見得是壞事——那你可能需要有更大的受歡迎度才好向他們募集資金。你也可能最後會憑一己之力創立公司，從初期就開始賺錢。一切都有可能。

所以，如同我們之前說過的，不要把焦點放在負面的事物上，也不要逆來順受。重點在於明白現實狀況——這不是一個公平的競爭環境——要義無反顧地採取行動，盡量擴大你的機會。如果這麼做要改變你的策略，就改變吧。

我們要提醒自己，也許有一些投資人或風險投資人很渴望促進他們的多元性，而讓你因此得到更好的機會！還有，人們或許會有心態上和潛意識偏見上的問題，這一點很重要，你也要記住。

文化資本

如果你跟銀行洽談貸款時，穿著正式服裝，可能可以提高你獲得貸款的機會。如果你在矽谷也穿同樣的服裝，那麼你獲得投資資金的可能性就不高了。

相同地，如果你只有二十歲，你在銀行的機會便降低了，但在矽谷的機會卻增加了。為什麼？

因為每個環境都有不同的次文化。在傳統銀行看來是高地位和認真的象徵，在年輕、隨興的加州科技新創公司文化裡，卻是吃力不討好的可笑。

這也跟你發出的訊號有關，因為你穿著、說話和行為的方式，會對接上同夥的次文化訊號。

身處在同樣的次文化或階級裡，有助於你建立人際關係，因為你們或許有共同點：對音樂和潮流有相同的品味，有相同的興趣和嗜好。

稍後（第十七章）你會看到 Canva 共同創辦人梅蘭妮．柏金斯的故事。她做過的事情之一是學會風箏衝浪，即使她討厭這項運動，她這麼做只是為了加深潛在投資人的印象，並且參加他的風箏衝浪投資人活動。這個方法奏效了。

暢銷商管書作家賽斯．高汀認為，這種現象是所有行銷的基礎，他稱之為「人家喜歡我們做這種事」。如果你能善用人類大腦中的同類歸屬感，你就能影響許多人。

還記得尚未離開校園就創立了自己的第一家公司，並且在二十歲初頭就成為億萬富翁的柯里森兄弟嗎？沒錯，他們很聰明，沒錯，他們具有高瞻遠矚的洞見。不過，他們也具備幫了點小忙的某種文化資產。地位跟我們在這個世界上的位置、我們父母占了怎樣的位置，以及我們如何看待眼前的可能性有關。柯里森兄弟出生在企業世家。

對於父母從科學家轉變成企業家一事，派翠克是這麼說的：

「企業家（entrepreneur）是一串又長又美妙的法文字，但它不是你會嚮往的事情……它看起來很平凡，因為不管你的爸媽做什麼，看起來都很平凡。」

事情就是這樣。如果你的成長環境裡有企業家的親戚，那麼你就會覺得當一個企業家很平凡。不僅如此，你會知道企業家是怎麼一回事。這有點像是很難被意識的、無形的不平等優勢。如果在你成長的家庭裡，父母不是企業家，而且也沒有企業方面的知識，企業家就是你不會去想像的職業選項。

那是崔斯坦．沃克曾經很熟悉的情況，直到他上了寄宿學校後才有了改變。「我要看看另一半的人是怎麼過生活的，」沃克說，「我跟姓洛克斐勒和福特的人一起上學，我開始了解姓氏的力量。」他學到了地位的力量，也學到了世界上有各種可憑藉的優勢。不僅如此，他學會如何處世，如何擴張他的人脈和利用那些關係。這間學校的班級規模，平均一班只有十四個學生。他們具有最先進的技術，最好的老師和設備。他說，寄宿學校多是白人經濟菁英的子女，這種環境使他懂得如何「在不同類型的社會團體間迂迴前進」。他後來說道：「它完全改變了我的人生。」

我們可以看到，知識形式的文化資本是可以透過父母傳承給子女的。崔斯坦．沃克連矽谷有工作機會都沒聽過，但有些孩子，像是伊凡．史匹格，則被鼓勵朝那個方向發展，還有柯里森兄弟，在成長過程中一直認為企業家是很平常的事。

家庭可以經由其他方式傳承文化資產。莎拉・布萊克莉說，從前她父親在每天的晚餐時間，都會問孩子那天有什麼事情做不好，而且孩子每天都要告訴他一些事，否則他會不高興。這樣的家庭教育，讓他們不害怕失敗，而且莎拉認為這有助於她的成功。

理查・布蘭森說，在他還很小的時候，母親就教導孩子要依靠自己，甚至今日大部分的人都會對她的方法感到震驚。舉一個極端的例子，布蘭森大約六歲的時候，他在車子上調皮搗蛋，母親為了懲罰他，在距離祖母家還有六公里半遠的地方，把他踢下車，要他自己想辦法到祖母家。

在世代間傳承的資產，有很多是沒寫下來也沒說明白的知識，這都和地位緊緊相繫。就像我們前面提過的一些例子，面試工作時鞋子穿錯顏色，或是知道要申請哪些大學或進入哪些行業。諸如此類都是地位的不平等優勢。

最後，地位也適用於新創公司。Just Eat 的第一支電視廣告，是在二〇〇九年向一些創投基金取得一千零五十萬英鎊資金後製作的，在艾許領導這項廣告活動之前，他身為行銷主任的部分工作，就是創造品牌間的合夥交易。當時 Just Eat 的餐廳和顧客成長率都很順利，合夥交易卻得不到熱烈的支持。那些品牌回應得拖拖拉拉的，對於這種「線上訂餐」的新創公司沒多少熱忱。然而，在推出第一支電視廣告後——選在昂貴的「X Factor」黃金時段——

情況就不一樣了。突然間大家都開始回覆艾許的電話，突然間他們都想結為夥伴。由此可知，階級地位對於品牌來說也是有影響的。一支大規模的電視廣告能夠賦予 Just Eat 階級地位，而且也告訴大家，他們不只是一間初出茅廬的新創公司。

Virgin 是這些合夥公司裡的其中之一，後來有人引見艾許給理查・布蘭森認識。艾許和全球最著名的億萬富翁之一會面，表示他的地位突然提升了。這是社會資產的一種形式。你認識誰，跟什麼人有關係，真的強烈影響了人們自己未意識到的偏見。

你的人脈

建立你的人脈，意味著你在形成與維持相互利益關係中的主動性。這個準則的關鍵詞是「相互利益關係」。

還有，為了讓事情變得更順利，你要學會更有效呈現和包裝你的地位。這往往就是所謂的「個人品牌」。

不過要注意：有許多陷阱會讓你看起來像個馬屁精、討厭鬼和愛操弄的人。在試圖提升你的社會地位時，要謹慎處理。

有了強大的人脈，你就得到更有力量的關係，這會讓你得到更多機會、更多相關資訊和遠見，更容易找到一個共同創辦者、投資人，或經介紹認識能幫助你起步和成長，甚至從新創公司退場的人，如果你想那麼做的話。

一個強大的人脈網絡能夠提供你導師、投資人、同儕和顧客。一個強大的人脈網絡，它的威力我們怎麼形容都不為過。關於如何擴張你的人脈，我們在本書第三部分會提供實用的建議。

內在地位

可以幫你大力提升外在地位的一種方式，就是提升你的內在地位，也就是你的自尊，你的自信。自尊就是「喜歡你自己」的另一種說法。而且，你有沒有信心、自尊這件事，很容易在別人面前表現出來。別人在有意或無意間，透過你的肢體語言、聲調和你行為上的其他細微線索，就可以察覺出來。那就是內在地位如何提升外在地位的方法。

如果你喜歡自己、重視自己，你就會擁有高度自尊。你看上去就是一個自信、能幹、討人喜歡、值得信任和充滿活力的人。

但如果你不是，你就要練習喜歡和重視你自己。

關於這一點的異議，我們常聽到的是：我還沒什麼成就，要怎麼喜歡自己？我對自己現階段的人生並不滿意，我很懶散，我做事拖拖拉拉，我缺乏衝勁，我太習慣自暴自棄、妄自菲薄。

唔，你知道嗎？我們都是這樣。

這不是個令人愉快的祕密。幾乎沒有人——除了世界上可能有一群少數的特例——不曾經歷過這些事。

你不是非得完美才能成功，你要記住。

詹姆斯・克利爾在其著作《原子習慣》中概述，你要怎麼一小步一小步、循序漸進且有耐心地養成新習慣，改變你的生活。

那是自我改善的方面。

要弄清你的目標和價值。你想要怎樣的生活方式？你想留下什麼給子孫？你願意奉行怎樣的道德規範？

那麼，一旦你弄清楚了，就開始一小步一小步的達到目標，同時記得為什麼你要這麼做。

不過，現在你需要的是在自信和現實之間取得平衡。你需要知道自己短期內有怎樣的可能性。我們往往高估了自己在一個月內能達成的目標，而且過分低估自己在十年內能達成的目標。你要好好愛惜此時此刻人生中的自己。

如果你覺得自己因為某些罪惡、壞事或其他理由而不討人喜歡，那麼你就為了自己能夠察覺到這些原因而愛自己，然後去改變它。

你會遭受挫折，但是只要堅持不懈地改善自我修養和你所著重的事，你就會一步步地達到目標。

（如果你覺得自己帶有破壞性的不理性信念或心理狀態，也許是源自於孩提時期的某些事情，請盡量尋求協助！好消息是，心理健康問題現在可以找到更多的協助，而且也不是什麼受人非議的事情。）

如果你以外在的事物來決定是否自愛和快樂，那真的會沒完沒了，永遠得不到快樂，因為當你意識到外在目標並不能填補內在空虛時，就會體驗到生命中最深沉的沮喪。愛你自己，並且接受你自己，在生命中的任何時刻都可以開始，然後就從那裡改變自己。

冒牌貨症候群

有時候我聽到人家說：「所有的創作者偶爾會覺得自己是個騙子，」然後我會想：「哦，天啊，我從不覺得自己像個騙子……我是真正的創作者嗎？」接著我的反應是：「哦，管它的，我很棒！——漢克・格林，企業家兼教育家及作家

「這超出了我的能力範圍。」

「我不屬於這裡。」

「我會被揭穿的。」

你腦海裡曾經閃過這些想法嗎？

在某種程度上，我們都經歷過這些。

這種現象叫做「冒牌貨症候群」。你可能會覺得自己像個冒牌貨或騙子，而且你的地位、成就或讚美都不是你掙來的。

自我懷疑是正常的。二〇〇七年在《高等教育紀事報》的一項研究估計，多達百分之七十的人在一生當中，至少有過一次這樣的懷疑。

而且我們敢說，如果你打算踏上企業家那條艱辛的道路，你更有可能會有這樣的懷疑。其實這很正常，也極為普遍。不要把你的幕後花絮拿來跟其他人的精采片段相比。

真相是，沒有人真的知道在每一種情況下，該怎麼做才是正確的，即使是非常成功的故事，背後也有許多失策和失敗。

你無法探究別人的想法，只知道自己的想法。因此會讓你產生一種錯覺，以為別人都很清楚他們自己在做什麼，而你卻是唯一一個不知道自己該怎麼做的人。

而這種錯覺，就包含了認為自己不符合目前地位的能力或價值。然而，你要相信自己有能力承擔起現在的角色，試著做到。只要不時將自己稍微推出舒適圈，會有助於你建立信心。

凱莉・詹娜——跨越承襲而來的地位

不管你喜不喜歡他們，無可否認，卡戴珊—詹娜家族的人總能克服萬難，設法讓自己十五分鐘的名氣流傳十五年以上。因為追求名氣而出名，幾乎受到每一位專家的批評，從事業的角度上來看，他們必定是做了某種「正確」的事，才能持續得到大量的關注，並且不斷發揮影響力。

穿著雙排扣西裝外套，在《富比士》雜誌二〇一八年八月號的封面綻放光彩，有著家族遺傳的烏黑髮色和豐唇的年輕女子，就是身價九億美元的美妝皇后凱莉・詹娜。二十一歲的她準備靠自己打拚，向最年輕的「十億級」億萬富翁邁進。

當心囉，伊凡・史匹格！

當心囉，柯里森兄弟！

當心囉，馬克・祖克伯——白手起家最年輕「十億級」億萬富翁的紀錄保持人；創紀錄年齡二十三歲。

到了二〇一九年三月，《富比士》確定凱莉以二十一歲的年齡成為白手起家的「十億級」億萬富翁。

她目前是卡戴珊—詹娜家族裡最富有的人，成就斐然（尤其超越了金．卡戴珊！）但是網路上有些人對《富比士》的這個封面人物頗不以為然。

一則來自於Dictionary.com的推文：「白手起家的意思是，不依靠別人的協助而成功。」他們繼續指出：「這一詞被用在：《富士比》說凱莉．詹娜是一位白手起家的女性。」

講一點點她的背景，凱莉．詹娜從十歲開始就出現在極轟動的實境電視節目「與卡戴珊一家同行」。身為大眾文化的主流，躍身螢光幕和小報上，接著是社群媒體，卡戴珊—詹娜家族很懂得運用一些方式，不斷發揮金．卡戴珊．威斯特的名氣。金．卡戴珊的兩名同姓姐妹靠自己一系列的事業和計畫（從服裝、美妝產品到香水）而成為名媛，她們的母親便是她們的經紀人，一手包辦她們所有的事業。金的兩個同母異父的妹妹——姓詹娜的坎達兒和凱莉，也來湊一腳。

起初，坎達兒和凱莉常被大家混為一談，但隨著她們漸漸長大，坎達兒成為羽翼豐滿的超級模特兒，凱莉因為身材不夠高瘦而稍微遜色。不過，她對經商更有興趣。

她活躍於社群媒體，成為她那個世代（千禧年後世代，Z世代）的社群媒體之星。

她有絕佳的優勢，並運用這個年齡層很受歡迎的社群網絡Snapchat。她愛用Snapchat，而且是世界上擁有最多Snapchat追蹤者的用戶之一。

就地位而言，因為她出現在熱門實境節目裡，意味著她是世界上最多人認識的其中一個人物。再談到她的生長環境，她擁有卡戴珊—詹娜家族這個令人驚嘆的文化資本，母親是她們的經紀人，她們具有吸引目光和維持別人關注的天分，她們的變現能力讓一堆公司爭相邀請她們合夥，或是想透過她們來接觸到更廣大的粉絲群。

就財力而言，她的收入可真是令人驚羨，她每拍一集便有五十萬美元入帳（她前後總共參與超過一百五十集，光靠這個節目就有至少七千五百萬美元的收入）。她在社群媒體的每一則廣告，大約也有一百萬美元的收益。她有自己的時尚事業，還有讓她入帳數百萬美元的代言收入。她可以在任何想嘗試的事業上下功夫，卻不用拿自己的財富做冒險。

說到內在地位，多年來在鎂光燈下長大的凱莉，絕對是有信心的，但還是有讓她不愉快的事。據說在學校時，有同學嘲笑她的嘴唇，因為相較於卡戴珊姐妹，她的嘴唇太薄了。

這份不安全感使她在十五歲時做了豐唇術。

她這項手術讓她的粉絲對豐唇更加狂熱了，一堆少女（和一些少男）也想挑戰豐唇，例如用玻璃杯蓋住嘴巴，然後嘴巴用力吸氣來使雙唇變得豐厚。這是凱莉十五歲時所具有的地位和影響力。

她在做豐唇術前，也掀起了另一種趨勢，就是利用化妝使雙唇看起來更豐厚。凱莉發現——也許還有一堆經紀人和商業顧問也發現了——別人會以她為榜樣，於是在二〇一五年推出「凱莉豐唇組」。她們和一家老字號的化妝品代工公司合夥，第一波推出一萬五千組口紅。凱莉自己投資了二十五萬美元。

在商品推出前，她殷勤地向數百萬的粉絲推薦自己的產品。據說在一分鐘之內，那一萬五千組的口紅便銷售一空。

之後他們將品牌重整為「凱莉美妝」，並且在二〇一六年初重新問世，結果在二十四小時內賣掉了價值一千九百萬美元的商品。凱莉利用電子商務平臺來處理銷售和訂單。而負責處理其他數百萬生意的，只有十二位員工，其中只有七位是全職人員。

不過，她的願景很宏大。時間回到二〇一五年，在發售她的口紅組之前，她若有所思地告訴《訪問》雜誌說：「我可以隨心所欲地做我想做的事情，我會擁有成功的美妝事業，而且我想啟動更多事業，就像個商場女強人一樣。」她說這番話的時候，大家還沒聽說過凱莉口紅組。

在以她的名字創立化妝品公司（凱莉美妝）後，凱莉運用她忠實的粉絲群和強大的社群媒體平臺，將品牌迅速提升為美妝界成長最快的公司之一。《富比士》報導，凱莉美妝從創立以來，已經賣掉價值六億三千萬美元的化妝品，其中光是二〇一七年就占了大約三億三千萬美元。合併它所有的收益，《富比士》估計它的品牌價值將近八億美元，而凱莉是唯一的老闆——它完全是白手起家的事業（那還不是她所有的收入，她也涉獵產品代言、「與卡戴珊一家同行」的酬勞、坐擁「坎達兒與凱莉」的服裝事業，以及和 Puma 的合夥交易）。

凱莉把她成功的關鍵，歸因於社群媒體上超過一億個追蹤者。

「社群媒體是一個了不起的平臺，」她說，「我這麼容易就能得到粉絲和客戶。」

所以，凱莉的不平等優勢有多麼強大，把她的故事和前幾章提到的胡達．卡坦相比，很有意思，後者也開啟了她非常成功的美妝事業，你可以比較她們不平等優勢的相異之處。

地位做為你的不平等優勢

那麼，關於地位，你要怎麼做？

你應該知道自己的社會地位高或低，你很清楚自己的背景和體會過的優勢——也可能缺乏優勢。

如果你確實具有某種形式的地位，記得在**必要時**突顯它。也就是說，如果你念的大學或待過的公司很有名，別忘了把它們放到你的簡報、LinkedIn 或履歷中。別小看這些成就。

但是，如果你維持易於親近的形象，也許就不要太高調，或太常強調你的地位，炫耀只會降低你的地位。地位的意義不是要讓所有人都知道，它的內涵是謙遜，不同的文化和次文化對於自我吹捧的包容程度是不一樣的。

如果你個性謙虛，你可以單純分享你做過的事，不必要時別講得太多，因為如果你袖子裡藏有王牌，當別人最後自己發現它時，你在大家眼中的地位就會更高。

如果你覺得自己地位不高，也別絕望。心裡要記得，你可能會遇到偏見，學會你想要融入的圈圈的文化規範，最重要的是，你要知道，你身上的每一件事（不只是你的家庭背景）都能貢獻出它們的價值：你的個性、你的心態、你的教育、洞見和地點。

還有，別忘了內在地位的重要性，你的信心和自尊會自然流露出來。一定要學會喜歡你自己，堅定自己的信念。要知道，每個人都會有沒自信或感覺無能為力的時候，每個人都會有冒牌貨症候群的錯覺，你必須挺過去。不要輕信你內在的自我批評，要常把自己推到舒適圈外，你才會相信自己有能力、有才智的一面。

事實上就地位而言，最重要的是你在累積人脈和培養專業之前，要先強化你的內在地位

（你的信心和自尊）。人脈和專業決定你在新創公司裡所要扮演的角色，人脈比事業上的共同創辦人重要，而專業比有技術的合夥人重要。而這兩種合夥人，他們也需要自信才會成功，你們結合起來，就能組成一支堅強的管理團隊，這是所有投資人夢寐以求的。

要了解別人是怎麼成功的，以及在他們在創業前有怎樣的地位。別被他人的成功削弱了你的信心，因為他們的付出遠比我們看到的多。

地位是把雙面刃

地位不高，卻可能是推動你爭取成功的動機。想想歐普拉．溫芙蕾、莎拉．布萊克莉，或走了六公里半的路才回到家的理查．布蘭森。有些企業家，因為自己原本就缺乏——或父母無法給予——某種優勢，就會利用這種缺乏來激勵他們的內在動機和信心。

當你的地位很顯著時又會怎樣？你可能就無法看清現實，或無法接觸到一般人的平凡生活。我們若對自己的特權和福氣習以為常，反而會看不到原來自己擁有這些好處。

第三部

新創公司快速啟動指南

第十二章
找到你的「為什麼」

「辭掉你的工作，開創自己的事業！做你自己的老闆！做個企業家！」

你要開始創立自己的公司時，會聽到這類鼓勵的話。

然而他們沒有提到的是，這真是有夠困難。

我們現在所處的社群媒體時代，你只會看到故事美好的那一面，大家都把「做自己老闆」的失敗和艱辛隱藏起來了。

當員工有個好處，你在一個安定的體系裡，至少有一些事是可預測的和穩定的。

不過，既然你會買這本書，或許你也是我們的一份子——真的想磨練一番和放手一搏的瘋子，儘管要冒著失敗的風險，儘管要冒著失去收入的風險，儘管困難重重、諸多壓力，以及你為了實現它而付出的心血。

你知道新創公司的成功——就像任何成功的人生一樣——是努力和運氣交織的結果。你也知道，我們所處的並不是一個公平競爭的環境，也不是純粹的英才制度。就跟人生是不公平的一樣，事業也是，有些人在他們的新創公司成立和成長時，就已經居於領先地位了。你也知道，儘管競爭環境是不公平的，但我們都有各自的不平等優勢，而且即使像是劣勢的條件，只要具有正確的心態，實際上也可能轉變成優勢。你了解到心態、個性、財力、才智和洞見、地點和運氣（對的地方、對的時間）、教育和專業，以及地位，對你的工作和公司都扮演**非常重要**的角色。你也知道，你可以心智來加強自己的信心，但仍要看清現實面，以免失敗時太過悲觀，你要了解，沒有人能夠百分之百控制生命中的一切。

現在，本書的第三部，會指導你成立新創公司的實用步驟，並且增加你成功的機會。我們就從最重要的問題開始：你的「為什麼」。

最難回答的問題，也許就是「為什麼？」為什麼要創立公司？為什麼要選擇一條艱難的道路，走向不可知的未來？為什麼不選擇比較安全的道路，好好當個上班族就好？

你可能會以為，這本書企業家寫的，談的是企業家精神，所以我們自然會鼓勵你展開自己的事業？

然而我們相信，就像醫藥變得愈來愈個人化、可以依照每個人獨特的DNA定製一樣，我們給大家的建議也必須不再是一體適用的，而是要適合你獨特的性格和環境。這就是我們在第二部所做的：引導你界定和分析自己的性格、心態及獨特的環境資產——你的

MILES。

舉例來說，如果你的性格是高度神經質的——換言之，你很容易感到焦慮不安——創立公司也許不適合你。沒有鐵一般不變的規則，只有更適合你的工作。每一種人格特質都有優缺點，你也許很會應付可預期的潛在問題，而且是理想的新創公司副手人選，可能之後就會變成共同創辦者，或是創始員工。

你必須問自己，為什麼要創立公司，或者，為什麼你要選擇這條路。你想得到和實現什麼，以及你想避免什麼？這就是動機運作的方式——大家都知道胡蘿蔔和棍子。把一根胡蘿蔔掛在驢子面前，吸引牠一直向前走，因為牠想得到胡蘿蔔；而棍子是用來拍打牠，以疼痛感驅使牠前進。胡蘿蔔是你努力要贏得的獎賞，棍子是你要避免的東西。這種對於動機的思考方式，實在是精準得很。

心理學告訴我們，對於大多數人而言，遠離疼痛（棍子）的動機，實際上是較強大的動機。

艾許看到他的爸媽拚命努力工作，但也只能在工廠裡擔任簡單的職務賺取非常有限的薪資，這成了他的動機。他以後不想過那樣的生活，他不希望生活中有所匱乏，他不想和爸媽一樣受到財務上的束縛，很多東西都負擔不起，也不自由。他很渴望向家人和朋友證明他能夠成功，即便沒上過大學。最後，他也真的去追尋他的夢想。他在上班的那段時間，就被視為特立獨行的人，因為他從來不肯乖乖坐下，遵守規定——他總是追求創新、跳脫框架的想法。

總括來說，比起受到勞力士、法拉利等地位象徵的吸引，艾許的動機更像是要逃脫他所成長的生活型態的侷限。後來，艾許的「為什麼」轉變成一種回饋，協助弱勢族群找到更多機會。改變社會的重責大任，成了他的主要動機。

至於哈桑，他的動機是不想被老闆管，工作既有自由又彈性。哈桑希望能夠研究他所關注的事情，並且從中獲得成就感。他想讓更多的人了解企業家身分所能帶來的自由和冒險，以及這個身分所能創造的正面社會影響力，他想說服大家，不要固守著不能發揮天賦和熱情的工作，而無法自我實現。

至於你，可能也有類似的經驗。你想擁有名聲、金錢、五光十色、富麗堂皇的生活。或者你想幫助社會，或拯救環境。無論你的動機是什麼，都沒有對或錯的問題。

我們都有一個「較高自我（higher self）」和一個「較低自我（lower self）」，把你所有的幹勁完全契合在一起的最佳方法，就是在你的「較低自我」（過上某種生活型態、得到認同、財力、地位、自由）和較理想的「較高自我」（幫助他人、傳播機會、協助窮人翻身、拯救生命、拯救環境、提供管道讓人們接受良好的教育）中找到某種期望。

還有，雖然我們說過你的「為什麼」沒有對或錯，但要注意，如果你只是追求地位和別人的認同，當你得到了之後，你很可能還是不開心。為了別人的認同而取得的成功，空虛感是無可避免的。為了真正的幸福和自我實現，你需要有更強大的內在動機。

這就是為什麼**你要自己界定成功的意義**。如果你沒那麼做，好萊塢、媒體、朋友、家人、同事，更別提社群媒體，便會插手為你定義什麼是你的成功。你會看到他們所界定的、某種似是而非的成功定義，於是你追求它。可是終點線會一直往後移，你永遠不會感到快樂。如果你能夠為自己界定成功的定義，並且那個定義不只是聚焦於外在的衡量標準（像是公司要達到多少淨值，或是不管飛去哪裡都有能力負擔頭等艙的機票錢），而是更著重於內在和較高程度的需求（幫助他人，用你的影響力在世界上激起「漣漪」，就像史堤夫・賈伯斯所做的事那樣），那麼，那就是你能力所及的成就。你應該以過程論成功，而不是以結果論成功。你無法掌控結果，因為其中必定包含運氣的成分，但是你可以掌控你自己的行為和過程——以做正確事情來實現你心中的價值和目標。

不要混淆了成功（跑車、私人飛機、設計師服裝、高級餐廳、海外假期）和**真正**的成功（快樂、成就感、自我實現、成長、學習、對他人的附加價值、具有正面影響、有時間和你所愛的人好好相處）的社會象徵。

說比做容易。不過，只要你肯思索且牢牢記住，你就有能力抵抗最糟的負面情緒，或避開你達到外在的成功卻意識到自己並不快樂的失落感。

既然你已明白了真正的成功和快樂是什麼，我們就可以從哲學面進展到實際面了。接下來的幾章，會教你如何讓你的新創公司維持在良好況狀的實用步驟。即使你只是想在一家新創公司當個創始員工，後面的建議仍然相當寶貴，因為它會教你該如何挑選哪一家新創公司。就跟當初的艾許一樣，你不太可能拿到太優沃的酬勞，但是你會分到股票，而新創公司的股票只有在它們還沒澈底失敗（這是大多數新創公司的結局）時才有價值。如果你**真的**挑對了公司，報酬是相當龐大的——你可能一輩子不愁吃穿。

你也可以把這項建議當成該到哪家公司任職，甚至是投資（如果你很幸運有財力的不平等優勢）的評估標準。從你的 MILES 不平等優勢評估標準（也可用於分析創辦人所具有的不平等優勢）來看，這建議也能提高你成功的機會，以及你所選擇的新創公司成功的機會。

最後，你所選擇的新創公司類型，不僅對你成功的機會（基於你的不平等優勢）、也將對你的生活型態產生重大的影響。這就是為什麼我們要在下一章討論兩大類型的新創公司：生活型態新創公司和高速成長新創公司。

舉例來說，如果你身為高速成長新創公司的創辦人，可以篤定你幾乎和任何「工作－生活平衡」的概念、社交生活、嗜好等等絕緣。你的生活就是你的新創公司，幾乎都是它了。

生活型態新創公司的節奏雖然也很緊湊，但不像高速成長公司那樣。它們也沒有「不成功，便成仁」那麼極端的成敗二分法。而且，這種新創公司比較容易成功，不太需要資金，不過也不會讓你賺進一大把鈔票。

了解你自己的「為什麼」（你的目標）和你的不平等優勢，將有助於你該瞄準哪種類型的新創公司。

第十三章 新創公司的類型

生活型態新創公司

之所以被稱為生活型態新創公司（或生活型態事業），是因為這類公司是為了支撐某種生活型態才設立的。可能是某種收入、某種工作計畫表，又或者它們在成長上有所限制——無論是創辦人當初設計的，或受到市場的地點或商機的限制。生活型態新創公司通常不需要外部投資人。

比方說，專業的服務業像是會計公司、法律事務所、行銷機構和顧問服務公司，通常都會維持在小而美的規模。如果為了服務更多的客戶，就要雇用更多員工。擴大規模的唯一方法，就是雇用更多的人，這要花很多錢。而且，這些新創公司通常以面對面的傳統方式服務當地客戶。

另一個例子是線上販售體育設備的新創公司，但那項運動的群眾並不多，在可提供服務的市場範圍裡只有一萬人有興趣。這就是生活型態的事業。

若是一位擁有很多社群媒體粉絲的健身教練，他決定做自己品牌的服裝和蛋白飲呢？這也算是一種生活型態的事業，因為單憑一個人的力量——除非他們變成主流名人——不太可能像矽谷型態的高速成長科技新創公司那樣的規模。

「生活型態事業」在新創公司的世界裡，往往是貶義詞，你總能在說話者的語氣中感受到某種程度的輕視。這是因為投資人對於生活型態事業並不感興趣。他們想靠遠見、大膽、「異想天開」的點子賺錢——那些點子意在顛覆整個業界，並且成為獨角獸公司（價值超過十億美元），就像 Airbnb、Just Eat 和 Revolut（英國金融技術公司）。那正是風險資本主義世界的生意模式：投資一大堆有高速成長潛力的新創公司，然後期待在一堆失敗者之中有一、兩家公司能成功、壯大。以馬克．安德森為例（傳奇的 Andreessen Horowitz 風險投資公司共同創辦人），他說他們在一年裡投資了大約兩百家新創公司，其中大約十五家（百分之七．五）的報酬就占了所有經濟收益的百分之九十五。換言之，只有一小部分的高速成長新創公司會成功，其餘的仍在苦苦掙扎。這就是高速成長公司的二元性——不是極為成功，就是澈底失敗。

相對地，生活型態新創公司比較傳統，沒有這種二元性。「不具二元性」的意思是，他們並不是一／〇，也不是成功／失敗。它們是否成功或失敗，並沒有那麼強烈的二分法，而是有較細微的差異。例如，你可能成功了，賺了錢，但也可能賺得比你上班時還少。或者，你可能經營得有聲有色，變成年收入一千萬英鎊的事業。

長時間下來，生活型態新創公司會賺錢，不會一直燒錢。燒錢會讓你產生赤字，而賺錢你就有盈餘。生活型態新創公司創造的是盈餘，不是赤字。

生活型態新創公司有時候是地區性的事業，在限定的區域裡服務客戶（例如你無法透過網路檢查牙齒和洗牙——總之還沒有！），或是他們的客戶可能更小眾（服務有特殊喜好的客戶，或特殊行業的客戶）。換句話說，他們的目標市場通常很小。

以下是各種生活型態新創公司的例子：

- 牙科診所
- 精品服飾
- 餐廳
- 麵包店
- 建築公司

注意到有趣的事了嗎？在這些例子裡，沒有激進、新興或迷人的行業，而且大體而言發展緩慢卻穩定，規模有限，除非開分店。事實上，「新創公司」一詞通常不會讓人聯想到這些傳統產業，而傾向於科技公司、矽谷、應用程式、網站和高科技的小機件。

然而，任何小型公司都可以用新創公司的透鏡來檢視，而且許多數位和技術新創公司都是貨真價實的生活型態公司。以下是一些例子：

- 手機應用程式研發公司
- 社群媒體行銷公司
- 搜尋引擎行銷顧問公司
- YouTube 喜劇頻道
- 網路新聞媒體出版品
- 小眾軟體和應用程式新創公司
- 網路T恤公司
- 網路聯盟行銷和直運配送

這些不受地理限制的生活型態事業，往往利用**數位**產品和服務來照顧各別的一小塊市場。因為每家公司能夠服務的市場有限，所以他們通常不具備成為高速成長公司的潛力，所以一般不會讓投資人產生興趣。事實上，這碗「羹」沒有大到能讓投資人每人分一杯。

這種新創公司也包括擴充性非常強的事業，像是艾許之前的新創公司之一 Fare

Exchange，它沒有向外部募集任何資金，而是自食其力。

這種自食其力的其中一個例子，是我們在第九章（地點與運氣）提過的 BaseCamp，它善用**不**在新創公司群落裡的優點，並且將遠距員工當做一種優勢。

BaseCamp 的創辦人強森．弗瑞德和大衛．海尼梅爾．漢森，是信奉**不要**不惜代價成長、**不要**燒錢和**不要**徵求投資人的絕佳例子。事實上這家公司在一九九九年成立以來，很多人都想投資他們的專案管理軟體，然而他們拒絕過一百件以上的提議。他們辦公室文化很輕鬆自在，重視工作與生活的平衡，一週僅工作四十小時，就連創辦人也如此。

這種工作模式和典型的矽谷風險創投方式一比，形成鮮明的對比。事實上，中國及其新創公司群落——許多專家相信他們很快會趕上矽谷——因九－九－六制而出名，也就是從早上九點工作到晚上九點，一週六天。更糟的是，那樣的工時現今在中國還被認為是懶散，許多人已經開始每天工作十二小時，一週七天！矽谷也在省思，考慮為了強化競爭力，想要在他們的群落中更加重要拚命的文化。

高速成長新創公司

高速成長新創公司通常是較著重於技術層面的公司，無論是在產品或配送方面。舉例來說，微軟會那麼成功，創辦人比爾．蓋茲會那麼富有，是因為軟體固有的擴展性。它一旦完成了，就能夠以無比低的成本配送出去。

同樣的道理也適用於智慧資產，像電影、書本或照片，都可以透過數位技術配送。和每生產一個就要花掉許多成本的實體產品不同，智慧資產和數位產品的產出，在初期創作時會用掉大量的資源，但是一旦研發成功，這些數位產品就能以很低的成本大量製造。就像 Adobe 在創作 Photoshop 軟體上可能花了數百萬美元，但是一旦完成後，銷售時幾乎不會增加任何成本，因為它就是一套數位下載的軟體。

當我們談到軟體時，也包括智慧型手機的應用程式。現在，很多投資人已經關注各家應用程式新創公司好一段時間了，這是有原因的。高速成長新創公司深耕於軟體或運算革新，他們有一大票的軟體工程專家、設計師和產品經理。不過在剛開始的時候，公司就只有那幾個創辦人而已，而且，至少要有一個創辦人對於使用者需求和配送數位產品要有洞見，生意才做得起來。

因此，為了提高成功的機會，在你的創辦團隊中，要有人具備相關技術的專業知識，有人具備發現市場缺口（也就是未被滿足的需求）的才智與洞見，並且想到如何受市場歡迎的行銷和銷售方式。

以下是幾個高速成長公司的例子：

- Just Eat
- WhatsApp
- Uber
- Airbnb
- 谷歌
- 蘋果
- Salesforce
- 臉書
- Instagram
- YouTube
- Netflix
- 亞馬遜

這些公司成長得很快，它們超級受歡迎，每個月都看得到明顯的成長，它們**也**獲得了大量的資金和投資。這些資金大部分——至少在剛開始的時候——來自於創辦人的家庭成員和朋友，他們都很富有，或來自於創辦人本身的資金投入。

舉例來說，傑夫・貝佐斯在一九九五年和一九九六年從天使投資人那兒募集到一百萬美元做為亞馬遜的種子基金，再加上他父母也投資了他的公司一大筆積蓄。（不用說，他們這項投資是一本萬利。）

所以地位、財力、地點和運氣（對的地方、對的時間）也非常重要——儘管你不需要具備所有的不平等優勢才能成功。地位也可以靠著才智與洞見、教育與專業建立起來。

你適用哪種類型？

現你已經知道生活型態和高速成長新創公司之間的不同，希望你有點頭緒，知道哪一種適合你。

對於高速成長公司而言，最重要的就是它的產品必須是客戶或使用者真正想要的，也就是「產品與市場的契合度」。意思就是，市場想要那項產品，兩者之間很契合。當一家新創公司有了產品與市場的契合度之後，它的需求量會持續增加，然後公司便會成長。

不過對高速成長公司而言，要維持「曲棍球棒」成長曲線，第二重要的就是取得資金。這些公司大部分有很長一段時間都在呈現赤字，你可以把它視為一種燒錢的運動。高速成長公司願意損失這麼多錢的理由是，他們以滿足市場需求為優先，並盡量爭取最大的市場占有率，**愈快愈好**，即使這要先虧一大筆錢。

里德．霍夫曼和克里斯．葉把這種現象稱為「閃電擴張」，他們在其同名書中說道：「閃電擴張的意思是，在一個不確定的環境裡……為了迅速達到規模，而使速度優於效能。」

這個看似瘋狂的策略，其理由是，在某些行業裡，投資人和創辦人會認為，唯有以大贏家姿態浮現的新創公司，才是最有分量的。舉例來說，谷歌贏得了搜尋引擎的競爭，臉書贏得了社群媒體的競爭，Uber（在世界上的大多數地方）贏得了叫車服務的競爭，Airbnb 贏得了出租房子的競爭，Netflix（有段時間）贏得了網路串流影片的競爭……凡此種種，不勝枚舉。

基本上，這些公司在競賽裡可能仍然還有一個——或兩個——競爭者，但是它們已經遙遙領先了。

而且，由於有這麼強大的動力，投資人將數百萬美元的資金投注到這些高速成長公司裡，就是希望他們一擊中的，成為那個產業裡的獨角獸企業（價值超過十億美元）。

這是新創公司的超級聯賽，從風險投資人那裡得到資金，就像你打進了大聯盟，但是**取得資金不代表你已經成功**。事實上，你仍然可能一事無成。

但是，即使有機會進場，你也必須有能力到達那個階段——透過自食其力（有錢），透過建立你的地位和信譽（透過專業）和建立你的人脈（你的地位）。你也可能要搬到一個科技新創公司群落裡（地點），還有，最重要的，你要有一定程度的受歡迎度，它源自於你創造人們真正想要的產品。

財力和地位（信譽和人脈）是為高速成長公司在極初期階段取得資金的關鍵。具備了這些不平等優勢，你就有資本和人脈，以及說服人們信任你的信譽。而信譽來自於對一個問題的洞見，以及如何解決那個問題的專業。

如果你有非常強大的不平等優勢，高速成長新創公司會比較適合你。如果你的不平等優勢沒那麼強大，生活型態新創公司會比較適合你。

我們以風險投資人維利・伊爾切夫的一則推文做為結束：

「如果你認為自己可以建立一億美元的事業，你就去募資。否則，就用三百萬的現金流建立一千萬美元的事業，然後從此過著幸福快樂的生活。」

創辦人的心理健康

在我們繼續前進之前，有一件常被我們忽略、但很重要的事，那就是在創業的過程中，要顧好你的心理健康，尤其是你的目標若在於創立高速成長公司的話，更應如此。

每一個跟你有關聯的投資人都會給你壓力，他們不是因為心地善良才投資你，他們是想利用你的新創公司狠狠大撈一筆。他們的投資需要回報，那是他們的工作，所以他們有時候會像個老闆似地緊迫盯人。

你處理所有拒絕、困難和阻礙而產生的心理疲乏，需要極大的復原力來修復。

企業家這項職業能夠實現個人抱負，而且可行。一般說來，企業家之間沒有什麼不同。沒錯，少數特殊的成功故事，像是柯里森兄弟、伊隆・馬斯克、莎拉・布萊克莉和梅蘭妮・柏金斯（Canva 的共同創辦人，參見第十七章）等，也許是特別幸運和特別有天賦的人。但是我們不必是雜誌的封面人物，也不必擁有獨角獸企業，才有資格認為自己是成功的人。

壓力大太的時候，一定要尋求協助和找人傾訴。要確定你照顧好自己的基本需求：睡眠、營養、運動、人際關係、冥想或精神上的事物。這些東西能讓你在這個瘋狂的旅程中保有清晰的思緒。最後，要確定自己是在正確的環境中運作一切，這就是虛擬和抽象地點發揮重要影響力的地方。讓自己處於正面、堅定、彼此砥礪的同儕和監督者中，你才能保持理智和獲得成功。

第十四章 點子

「Uber 真是個聰明的點子！只要點擊一下按鍵，就有車子來載我到任何想去的地方。這個點子若是我想到的就好了！」

你心裡應該常常會有類似這樣的想法，大家都認為，一家公司的成功是因為它有創新、破突性的新點子，像是 Uber。但事實上，**執行力**才是形成「光有點子」和「讓公司成功的點子」之間真正的差異。

首先，點子被高估了。沒錯，它很重要，可是世界上無數的人都可能在同一段時間擁有同樣優秀的各種點子，但點子變身為成功公司的總體轉化率趨近於零。

其次，大家誤以為點子要完全是獨特和新穎的才會成功，這是毫無事實根據的觀點。

大部分的新創公司要麼不是第一家嘗試一個已經存在的點子，就是在新的市場或行業中嘗試相同的點子。

如同我們在「地點和運氣」中（第九章）提過的，點子成功與否，和時機有很大的關係。

谷歌不是第一個搜尋引擎。事實上，與它同時期的搜尋引擎還有很多（Lycos、Alta Vista、Ask Jeeves, Yahoo），多到沒人有興趣再發明另一種。搜尋引擎並不是什麼新鮮、特別、稀罕的點子。然而，Google 的特殊之處在於賴利・佩吉和謝爾蓋・布林的洞見：透過檢視被搜尋的網站和其他網站的連結，你可以得到更具相關性和更值得信賴的結果。他們的獨門演算法來自於他們的才智、教育和專業。

相同地，臉書也不是第一個社群網絡，當時已經存在的社群網絡有 SixDegree、Hi5、Orkut、Bebo、Myspace、Friendster、Friends Reunited 等，多到數不完。

臉書的成立是在對的地方和對的時間。它成立於哈佛大學（當時的馬克・祖克伯在那裡就讀，該校可說是世界上最有名望的大學），剛開始**專屬於**哈佛大學生在使用，臉書當時的使用者都有極高的地位和獨享權。接著它向常春藤大學推展，之後再推展到每一所大學，最後推展到每個人。「我的朋友都在那裡」，透過這樣的方式，祖克伯得以建立起新使用者與既有使用者連結的網路效應，吸引更多的人註冊使用。

這無疑有助於臉書在它成長之初就很受歡迎。它的時機點很理想，因為之前的社群網絡已經教育過使用者如何運用這類網站。此外，它的出現正逢寬頻服務起飛和智慧型手機問世，大家的自拍和生活照，都可以輕易上傳到他們臉書上的個人檔案裡。

臉書是好幾個「正確的不平等優勢」的完美結合，它也有正確的創辦人性格（馬克・祖克伯極具競爭性、才智和執著的天性）和正確的業師（馬克有許多優秀的業師，像是Napster的創辦人西恩・帕克，和Paypal的共同創辦人彼得・泰爾）。

還有，祖克伯和他的團隊在臉書上的策略是，（略舉一例）從哈佛開始做控制性的推展，從大學推向大學，然後再推向大眾，避開了Friendster失敗的主因。Friendster在成長的時候未加以控管，導致無法應付需求。該公司的技術性基礎結構無法處理伺服器的所有流量，所以當網站不能適當運作時，便造成使用者的負面經驗。而臉書能夠循序漸進地建置它的基礎結構。

Dropbox也不是第一個雲端硬碟。在網際網路泡沫化的時代，就有失敗的雲端硬碟新創公司，然而成立早了十年，當時的網路連線太慢。

Spotify也不是第一家隨選音樂平臺，在它之前你用過iTunes，而在iTunes之前你還用過Napster。所以，可以無限制地選擇音樂，而且你想聽什麼幾乎就可以即時播放，這個點子至少早在一九九九年的時候就形成了。而Spotify的唯一不同之處在於它的訂閱和廣告模式。

亞馬遜不是第一個電子商務公司（甚至不是第一家網路書店），中國的阿里巴巴也不是第一家企業對企業的電子商務批發公司。

你只要開始留意一些成功的企業，從獨角獸企業到成功的傳統公司，你會發現，癥結通常不在於點子本身有沒有突破性，而在於對點子的執行力，包括將許多不平等優勢的影響力發揮到最大，因而獲得成功。

想想看，如果你是任何行業裡的第一個，情況可能會**更糟**。第一個先行者在該領域所嘗到的敗績，成了所有後起企業的借鏡。如物理學家暨科學家及作家艾默里・羅文斯所說：「先行者中箭，後來者得土地。」

如同羅文斯的比喻，雖然一個完全創新的點子能夠讓整個行業大步躍進，但是最早的先行者所承擔的風險比誰都高。他們幾乎都要教導市場如何使用這個全新的產品（或服務——為了簡化，我們在本書裡都稱為產品），這個代價可能很高。看看 PalmPilots，它是一九九〇年代晚期崛起的第一代智慧型手機，他們從來沒有真的造成轟動過。Meerkat 是第一個大型行動直播平臺，但當時因推特買下 Periscop（一家競爭對手）以及其他平臺也採用直播而被扼殺，例如臉書推出 Facebook Live。Snapchat 有其獨創的點子，但伊凡・史匹格拒絕將他的事業賣給臉書，於是臉書就竊取了那些點子並放到他們自己的產品中（Instagram、Facebook、Facebook Messenger 和 WhatsApp）。尤其在當今這個網路時代，創立公司會遇到很多阻礙，搶頭香反而可能是種劣勢。巨型公司會奪走你的點子，然後做為他們自己的特色。

回頭看看谷歌，他們第一個了不起的成就，就是讓搜尋引擎運作得那麼棒（透過我們之前提過的引用模式，檢視一個網站的連結數量）。第二件了不起的事，就是他們創新的廣告模式，這是從他們特別受歡迎的搜尋引擎變現（賺錢）的手法。廣告模式運作的方式是，他們允許其他公司以廣告的形式出現在搜尋結果的頂端，然後公司以使用者點擊次數來付費。事實上，谷歌的這個點子「竊取」自比爾．葛洛斯的新創公司 Overture，該公司只是依據每家公司支付的多寡來排列結果。谷歌所增加的花樣是引入一種兼具品質與相關度的計分法做廣告分級，就像搜尋結果的一般分級一樣。所以，谷歌獲得不平等優勢的方法是，借用別人的點子且用心經營，讓點子變得更好。

所以，我們再重申一遍，你的點子不見得一定要是獨特的或突破性的，但當然，點子仍然相當重要。

那麼，你如何才能得到一個好點子？

你對一項問題要有關鍵性的洞見，然後找出理想的解決方法，這樣你就擁有一個很棒的點子。解決方法就是你的產品，你找出解決方法的過程，結合了批判性和創造性的思維，而這往往來自於你在理論上（教育優勢）或實務上（專業優勢）長期解決問題的經驗。

來自於跨學科的交會思考，如我們在第八章「創意智慧」那段提到的，就是點子的來源。你在現有的東西上弄個花樣，從另一個角度思考問題，或把一個領域中的解決方案應用到另一個領域裡，或把一個地理區域中的解決方案應用到另一個地理區域裡，那就是你的好點子。

一旦你調適好自己跨學科的思考方式，並且學會尋找痛點和解決方法，你會發現點子很容易就產生了，你甚至可能會應接不暇呢。我們的好友盧恩・索文達（以倫敦為據點、歲入三千萬英鎊的新創公司 Fantastic Services 共同創辦人）常抱怨，要是他在超市裡沒有想出至少四、五個新的生意點子的話，就沒有辦法安心好好地逛一逛。

會有這種情況的原因是，他一直訓練自己高度關注於找出生活中那些不方便之處、問題、浪費時間的程序、未激起人們熱情的產品和市場缺口。藉由注意這些事情，他潛意識裡就會試圖找出解決方法，終結不便，或想出一個能夠滿足市場需求的產品。

如果我們要用 MILES 架構來分析點子是如何形成的，我們或許會觀察到其中包括了天生的創意，那是所有人類都有的，只是程度不同，而且也沒什麼大不了，除非這種原始的天分透過反覆練習，培養成一項強大的技能。艾許腦袋裡有一大堆有用的和失敗的點子，盧恩也是。

盧恩的不平等優勢是什麼？就跟艾許一樣，他的背景開始於就學時期的一些小買賣。現年四十三歲的盧恩是企業家，也是執行長，之前創立過許多公司，他有許多創立「副業」

公司的經驗，包括時尚品牌、提供廉價通話費的電信公司，以及音樂和舞蹈老師的專用網站，這些都是他還在擔任BT和lastminute.com等公司管理者期間所發生的事。所以你可以看到，除了他一心想找出解決日常生活問題的方法，多年來他的經驗和專業是如何累積起來的，加上他在公司裡工作所得到的洞見。

我們再說一遍，你必須自問的是：我要解決什麼問題？

從誰開始，而不是從哪裡開始

以腦力激盪構思新創公司的點子時，有一種方法可能非常有用，那就是想像出一個你要服務的對象。很多時候大家不知道自己遇到問題，因為他們對那個問題太習以為常，或不去面對它，以致於他們把這些問題視為生活中無可改變的因素。

例如，約翰尼斯．古登堡（Johannes Gutenberg）大約在六百年前發明了活字印刷術，在那之前書本貴得不得了，因為每一本都是人工手抄書。當時大多數人都覺得生活就是這樣——書本和學習是富有的菁英份子的特權，因為太昂貴了。

除了大部分的發明和革新之外，許多事情也是這樣。大多數人不知道他們「需要」電腦，或者他們「需要」網路，更別說口袋裡需要一台能夠上網的超級電腦。大數人沒意識到他們需要網路上的社群網絡，或是隨叫隨到的計程車服務，或是他們需要透過手機購買雜貨。

找出世界上尚未被滿足的需求，以你的產品或服務來滿足它，這要很強的才智和洞見，尤其是創意的才智。

不過，好消息是，才智和洞見是可以培養的。或許一開始你是憑藉與生俱來的「天才」，無論是怎樣程度的天才，但是當天才不努力時，努力可以擊敗天才。所以你要不斷思考，有什麼需求尚未被滿足，藉此培養出這樣的技能。

你要怎麼發掘那些未被滿足的需求？

答案是，找出痛點或不方便之處。

在生活中你要保持高度的專注力，留意他們發現的惱人之事、無法解決的問題，或難以應付的情況。還有，也別忘了留意你所經歷的任何煩惱或不便，以及你可以找出怎樣的解決之道！

搔自己的癢處

「搔自己的癢處」可以讓你的洞見居於領先地位的好方法，它的意思是，你解決了一項你自己遭遇到的問題。身為創業者，你自己就是你產品的目標族群。（癢處就是需求，搔對癢處就是解決需求——但願是用你的產品。）這就是崔斯坦・沃克創立他的公司 Walker & Co 的方法。如同我們在第八章看到的，他的不平等優勢來自於他就是自己公司的目標族群。身為一位擁有厚而捲曲鬍鬚的非裔美國男性，他的獨特洞見是，像他這樣的人的癢處就是，多重刀片刮鬍刀會導致更多的毛髮倒生、使用刮鬍刀之後的刺激和疼痛。於是他創立了自己的公司 Walker & Co，專門照顧和服務他的目標市場。

在打定這個主意之前，崔斯坦考慮過許多大問題，像是全球性的肥胖問題、運輸業，甚至金融業。不過，最後他還是決定也許規模小一點、但是讓他有明確不平等優勢——**洞見**——的點子。

藉著鎖定一個目標族群和發掘出未被滿足的需求，你就能找到一些很棒的新創公司點子。透過日常、大眾化的定性研究（例如，直接與潛在客戶談話），你能夠真正深入了解問題，看看它是不是一個惱人或不便到足以值得你嘗試解決的問題。

先有一個解決方法（產品），然後再找到問題要它解決，這是最大的錯誤。但這種情況多到超乎你的想像，因為有些人很善於發明產品（它可能是網站、應用程式，甚至一項發明），但是並不善於思考誰願意真的花錢去買。

多認識人、和人們面對面溝通，是發掘未被滿足的需求最有效的方法。如果不可能做到面對面，透過電話也可行。重點是，你就是要從你的筆電後頭走出來，走向真實的世界，和人們互動。你也可以利用在某些行業工作的經驗，去發掘那一行裡有些什麼需求。這能給予你寶貴的洞見和領域專長。無論你是怎麼得到洞見的，都要把握住它，讓它成為你的不平等優勢。

一旦你確定了那項需求，就運用你的教育和／或專業，創造一項產品或服務來滿足它。或者，假如你自己沒有這方面的不平等優勢，你可以和某個具有這方面教育和專業的人合夥。他們可以成為你新創公司的技術性共同創辦人。

不過在找出新創公司的點子時，還有其他你要考慮的事情。

你的不平等優勢就是你自己

在新創公司間，產品—市場契合度是一項廣為人知的概念。具有產品—市場契合度，表示你的產品有足夠的市場需求——也就是說，市場裡有足夠的人強烈地想要你所提供的東西。

然而，同樣重要的概念是「創辦人—產品—市場契合度」。為什麼呢？因為新創公司初期階段的不平等優勢直接來自於創辦人本身。如AngelList的創辦人暨執行長納瓦爾・拉維肯所說：「『創辦人—產品—市場契合度』優於『產品—市場契合度』。」

如果在你企圖發展的行業裡，你沒有任何不平等優勢，那麼公司的點子和目標市場也許對你來說並不契合。新創公司的成功並非只靠好的點子，也跟那個點子**適不適合你**有關。不過，這不表示你必須在那一行工作過。只要你有辦法構思一個產業的新觀點，那個新觀點也可能很強大，不管是透過共同創辦人或你所雇用的創始員工。

以 WhatsApp 的共同創辦人簡．庫姆為例，他對行銷和快閃記憶體幾乎一無所知，但他對網路的可靠性卻知之甚詳，而且有明確的焦點。那就是庫姆的洞見：擁有最可靠的跨平臺訊息傳送應用程式，它要易於使用又快速傳播（利用你手機裡的電話簿）。剛開始它只是一支狀態提醒應用程式，但後來當推播通知變成 iPhone 的一項特色時，它便進化成訊息傳送應用程式（隨著市場潮流前進的例子）。即使當 WhatsApp 開始爆紅時，庫姆仍然拒絕做宣傳，認為那樣會分散大家的注意力。庫姆沒有研究他專業領域外的策略，而是找出具有不平等優勢的其他團隊成員，以彌補他的不足。當布萊恩．艾克頓有能力募資到二十五萬美元時，便以共同創辦人的身分加入，因為募集資金是布萊恩比簡厲害的地方。把他們結合在一起，這支初期團隊以庫姆獨自一人絕對辦不到的方式促進了公司的成長。WhatsApp 最後以一百九十億美元賣給臉書。

另一個例子來自於我們新創公司的學員露易絲．布朗尼曼沙，她對夜生活的觀察結果，正好是她的新創公司 Shoobs 所需要的。在二〇一四年，她是第一位被著名的 Y Combinator 創業育成中心接受的女性黑人創辦人，她的願景是建立世界上最大且最重要的城市夜生活社團。

身為一個單打獨鬥的創辦人，情勢對她不利，但露易絲卻得到了空前的成功（自創立 Shoobs 後，將使用者增加了十倍）。她的不平等優勢是，出生且成長於倫敦一個多元種族區，又接觸當地的夜生活文化，這給了她無可匹敵的洞見。她很幸運對這個領域的專業懷有熱情，**再加上**她成功的投資銀行事業。

這兩個專業領域交會，讓她的洞見成為不平等優勢，並且促成她在這個範疇裡的優越地位。她最近向摩根史坦利取得二十萬美元的資金（是 Y Combinator 後續資金以外的錢），讓位於紐約的新創公司加速成長。

庫姆和曼沙的新創公司不只是有好點子，而且是契合他們個人不平等優勢的好點子。若將契合度做了錯誤的配對，可能導致像企業家（暨企業學門教授）史提夫・布蘭克所經歷過的最慘痛失敗。他的新創公司叫做 Rocket Science Games，是一家電玩公司，他們損失了三千五百萬美元，他把失敗歸因於創辦人之中沒有一個人是電玩咖，或沒有人在電玩公司工作過。他們做出美輪美奐的遊戲，但是玩起來卻沒有什麼樂趣。

艾許離開 Just Eat 後，他稍做休息，花很多時間陪伴他四歲的女兒。在那段期間，他已經想不出新點子和女兒一起玩。後來他靈光一閃，為什麼不做兒童活動訂閱盒子公司呢？父母會訂閱，然後每個月訂戶都會拿到一個裝滿創意和有趣兒童遊戲的盒子！問題是，艾許完全沒有訂閱盒子公司和兒童遊戲公司的相關經驗。在那個時候，他的人脈裡沒有人能幫助他。經過了六個月的嘗試，他決定不要繼續追求下去。因為他覺得不適合，除了最初的洞見外，他在這個領域裡沒有強大的不平等優勢。然而，有人在這個的點子上成功了，她們是一群媽媽，其中有前風險投資人和前新創公司創辦人。她們比艾許具備更強大的不平等優勢，和更好的創辦人—產品—市場契合度。

希望這些故事能讓你多少了解到哪些點子可能適合你，哪些不適合。重要的是，要知道你自己在哪些點子上具有不平等優勢。

第十五章
團隊

尋找你的共同創辦人

身為一個單打獨鬥的創辦人，想成功創辦公司，只會愈來愈困難。事實上，我們在前面曾強烈勸阻你，不要試圖自己創辦公司。人類大部分的壯舉，包括公司，都是依靠團隊的力量達成的。

身為一個孤軍奮戰的創辦人，光是情緒方面的問題就可能讓你瘋掉，然後撒手不幹了。壓力可能很大，尤其如果你是經營高速成長的新創公司。

Squarespace 的獨力創辦人安東尼．卡薩雷納，整整三年完全憑一己之力經營新創公司。很少人有能力這樣經營一間高速成長的新創公司，而且還有所成就。然而，他的身心確實承受了許多壓力。他公開坦承，事實上他的公司已經耗盡他所有的精力，嚴重到他不願意上飛機，因為他無法停止檢查伺服器是否正常連線運作。他甚至出現恐慌症，突如其來地發作。

對於一家生活型態新創公司來說，獨力創辦人絕對是可行的，因為公司的成長速度較慢，也更好管理。然而，若失敗了你也不可能無動於衷。你可能會遇到幾次信心受到打擊、面臨失去大客戶的壓力，內心也會因身為企業家的不確定性和風險而掙扎。哈桑是一個獨力創辦人，你也許還記得他的故事，他一直無法成功創辦公司，直到他找到一個「問責合作夥伴」，也就是創業路途上的另一位企業家。他們會討論彼此的想法，和激勵彼此的士氣。身為企業家有可能是一條寂寞的路。業師也有莫大的幫助，哈桑在路途上曾得到他們的協助，艾許也是。

如果你決定一個人創業，或許加入共同工作空間會有幫助，因為那裡你可以認識其他新創公司創辦人，身邊也有人群圍繞，而不是在家裡或在咖啡廳一個人孤零零地工作。

最後，若有事業夥伴，會更容易一起激發出力量和不平等優勢。因為，一個人很難同時善於研發產品和銷售與宣傳產品，這是很罕見的情況。一般來說，你有所長，則必有所短。

在一支新創公司的創辦團隊裡，你需要的是一個創造者、溝通者和（通常是）技術者。這三種角色可能集中在一個、兩個人身上，甚至分散到三個人以上。不過一般說來，兩、三個共同創辦人是最理想的。

創造者都是夢想家，他們都想看到自己的產品受到歡迎和大家使用，他們的焦點就是「在宇宙留下痕跡」——如史提夫．賈伯斯所言。

溝通者是在商業面向上的共同創辦人，他懂得銷售和行銷，會和客戶及潛在客戶溝通，然後把結果回饋給團隊。溝通者是把投資機會「賣給」投資者的人，因此是主要的資金募集者。

最後是**技術者**，他是建立技術層面的人，並且確保技術的有效性，無論是軟體、應用程式、網站、救命藥物、唇膏或粉底配方等等。所以這個人可能是工程師、化學家、生物學家或其他領域的專家。

一般的情況是兩人的團隊，一個是商業性的，一個是技術性的，兩人裡的其中一個也兼具夢想家的角色。

一個能讓你信任和相處的人，可以參與你的事業，並補足你所缺乏的不平等優勢。如同我們提過的，這就是MILES架構遲早用得上的地方：讓你構思如何獲得財力、洞見、專業和地位來協助你創立事業。

所以，如果你還沒有共同創辦人，現在是時候找一個了。

你可以將你事業中的技術部分外包，但是如果技術層面是你事業的核心，例如仰賴軟體的科技新創公司，那麼外包就不是一個好主意。因為如果你將產品外包設計，你就不能隨時改變、修改和改善你的產品，每次都會花掉你很多錢。

找到和選擇正確的共同創辦人，可以將你的點子轉變成一家成功的新創公司，這是

MILES架構最強大的用途。你要問自己的是：我最弱的地方在哪裡？我的哪一項不平等優勢是最不具影響力的？

所以，如果你想創立一家高速成長公司，但你沒有門路接觸投資人，而且也不太懂得如何募資，也許你可以像簡．庫姆引進布萊恩．艾克頓一樣，找一個有能力募集資金的人。簡是技術者和夢想家創辦人，而布萊恩則是溝通者。

馬克．祖克伯的臉書也是一樣。愛德華．薩維林是他的共同創辦人，多半是因為薩維林是個更好的訊息交流者、溝通者，而且出身於一個成功的企業世家，所以也更懂得商業世界的運作。後來雪柔．桑德伯格填補了這個更具商業性的角色，而馬克繼續擔任夢想家、創造者，以及技術性創辦人的角色。

在蘋果公司，史提夫．賈伯斯是夢想家，而史提夫．沃茲尼克則是技術性共同創辦人。

你可以在許多成功的新創公司看到這種模式。

常常有人問我們，要怎麼找到共同創辦人，不過更多人問的是，要怎麼找到技術性的共同創辦人。

這就是你要建立人脈的地方，而且要在對的地方和對的時間。所以你需要一些「地點和運氣」來幫你的忙，無論是實體地點（新創公司群落或科技大學）或線上地點（你能夠認識更多人的虛擬社群）。

你可以在相關的聚會、研習會、會議和博覽會中認識潛在的共同創辦人，只要你知道那些你想認識的人常會去哪些地方。

此外，和一個陌生人合夥時，你要更謹慎。和某個人共同創立事業就像結婚一樣，如果你們創立的是高速成長公司，你也許要把合夥人看得比你的配偶還重要！信任是重點，要花時間去建立。對潛在合夥人先做好完整的調查，再來挑選一個贏得你信任的人。

創辦人之間的衝突，可能是扼殺新創公司的主要原因。你在挑選合夥人時，千萬要小心。如果之前有和他們一起承辦過企畫案的經驗，會很有幫助，可以幫你判斷共事時是否合得來。

如何擴增你的人脈

找到共同創辦人、業師、顧問或投資人的關鍵，就是人脈，意思就是認識更多的人，並且建立人際關係。

培養人脈需要兩個要素：

一、你真切地想為你認識的人貢獻價值。

二、提升你的地位，如此一來，大家才會覺得你更有價值。

首先我們要定義「價值」。在一個社會和人際關係的脈絡中，價值**並不是**單獨指你可以為別人做些什麼。如果你是按摩師，你不必免費提供按摩服務。如果你是顧問，你不必對某人的事業持續提供深入且詳盡的經營策略。價值就像介紹兩個有相同潛在利益的人認識一樣，或是彼此保持溫情、禮貌、尊重，和當一個傾聽者那樣輕鬆單純。

對於你想貢獻價值的對象也別太吹毛求疵，也不要「吝嗇」你的價值，只將它保留給對你有好處的人。舉例來說，如果你參加一場新創公司的聚會，遇到某個對你可能沒好處的人，千萬不要就這樣對他們置之不理。這樣的心態是完全錯誤的，而且在無意間你會變得自私無情。

這就是社會互動的一環，散播正面情緒，即使只是一個溫暖的微笑也好，不花費你任何成本，還會為你帶來好處。

可能你讀到這裡就翻白眼了，因為，我們說得容易，但拓展人脈卻令個性內向的人視為畏途。哈桑的個性內向，他只能逼迫自己認識更多的人和擴展他的人脈；許多內向的企業家也教會自己走出舒適圈，建立更廣的人際關係。

你也許會想：「貢獻『價值』的對象盡可能地多，這樣不會太浪費時間嗎？」

當你在企業家的路途中有進一步的發展時，你對時間的運用要更加明智審慎，因為時間會愈來愈珍貴。不過，對他人付出時間，可能讓你收穫更多。用時間換取經驗和智慧等好處，相比之下只是個小小的犧牲。有些人認為他們連說聲「嗨！」的時間都沒有，這就是為什麼我們說，價值可以是很單純的愉快、有趣和溫情。

擴展人脈不應該像在「推銷東西」似地猛遞名片，要發自真心了解他人的事和傾聽他人說話。如果你仔細傾聽，或許你會得到非同小可的洞見，有助於事業的發展和前景。

大多數和你見面的人，都是從「那對我有什麼好處」的角度衡量的，但如果你自己也這麼想的時候，就要試著把自己貢獻價值的眼界放得更寬更遠。

話雖如此，如果你有特定的事業或生涯目標，就不要讓自己的人脈關係變得太複雜，因為你可能因此要花上好幾小時應酬各種聚會，只為了配合那些想從你身上得到好處的人。

人脈不只要寬廣，還要有深度，這樣的人脈才會扎實。就算你有五千個 LinkedIn 聯絡人，但他們都不會回覆你的訊息，那也沒什麼價值。這就是為什麼，至少在剛開始的時候，透過某人介紹你們認識，一個能夠為你背書、保證你才能的人，甚至只是知道你的名字也可以，總是會有幫助的。透過這種關係認識的人，他們比較願意傾聽你說話。冷接觸（cold contact，缺乏有溫度的介紹）是擴展人脈最沒力的方法，當然，如果你所提供的事物是你的傾聽者感興趣的，仍然有用。

你為自己的人脈增添的價值愈多，你的人脈就愈強大。

不要等到你有求於人時才接觸人家，而是主動定期接觸他們，你才能為自己的人脈加值。

你可以養成一種習慣，每天接觸你人脈中的一個人，即使只是一個小小的動作，例如問候或分享文章，又或是對他們貼在社群媒體上的狀態做個回應，都可以為你的人脈加值。利用專業性的網絡——第一名非 LinkedIn 莫屬——是為人脈加值的好方法。找到你們的共同處，持續關注他們的動態。透過別人引薦也是很好的方法，這是擴展人脈強而有力的方式。

如何找到業師——哈桑

很多人常問我，我是如何吸引到成功的百萬企業家來當我的業師。

然而，這些提問的人通常期望能得到如仙丹妙藥般的答案。

但在現實中，找到肯指導你的業師沒有魔法——訣竅就是和那些能力及地位比你高的人建立關係。優秀的業師忙得不得了，想從他們身上學到東西的人非常多。而且業師常常忙於創立和經營自己的公司，所以沒時間和每一個人見面。

說得極端一點（遺憾的是，這種情況相當普遍），這樣的會面根本是壓搾業師。

我收到很多訊息和電子郵件，大家都想請我喝杯咖啡，趁機跟我討教一番；艾許收到的邀請更多。但就算我們願意抽出時間，也沒辦法吃下、喝下那麼多的午餐和咖啡。

成功的人懂得找機會貢獻價值。

我在一場商業晚餐認識艾許，即使當時我知道他剛得到一筆首次公開募股的鉅資，而且是很成功的企業家和經營高手，我還是問他，我可以怎麼幫助**他**。

我很幸運我爸媽把這種性格遺傳給我：請求別人協助前，先想辦法幫助別人。事實上，我當時並沒有要求任何的協助，這可能幫了我很大的忙。

以下是找業師的一些技巧：

一、**找到適合你的好業師**。記住，你的目標不用太高，找一個在這領域上比你領先幾年的人就夠了。

二、**得到他們的注意，你要不同凡響**。這些業師常常收到大量尋求協助或建議的訊息，大家都想請他們吃午餐或喝咖啡，趁機向他們討教。自然地，他們會把這種冗長的信件（往往並不是真的很冗長）直接丟到垃圾筒裡，以保護他們最寶貴的東西──時間。記住，要做到引人注目，你要直接切入重點，而且你要做第三步……

三、**找機會貢獻你的價值**。雖然潛在的業師是成功或地位較高的人，但不代表你不能為他們貢獻你的價值，要自信你在某方面對他們是有價值的。觀察他們所做的事。他們有沒有投入慈善事業或社會事業呢？你能幫到什麼忙？那是引起他們注意的好方法。

四、舉止如常。遇到地位不平等的人時，更要用這一招。例如，當你巧妙地邂逅了某個你感興趣的人，而你覺得他們好像「高不可攀」時，你絕對不能顯露出怪異的舉止。如果你表現得太恭敬、太卑微，只因為你認為他們是另一個階層的人，就忙不迭地為他們做這個做那個，那麼他們根本不可能覺得你有吸引力。還有，相反地，舉止「不正常」也包括你為了掩飾自己地位較低，而走到了另一個極端，像個小男孩一樣去扯暗戀的女同學的馬尾。這樣也不好。

你與可能會成為你業師的人之間，必須是一種「正常」的互動。舉止自然，不要因為他們地位較高而使自己不自在，那才是你行動的方向。

所以，即使你覺得自己亟需一位業師，也要表現得有點酷。但不要變成輕浮，也不要對人家的專業表現得很冷漠、自大、不在意的樣子，但也不要讓人家看得出來你渴望得要死。拚命想得到是沒有用的，只會喊餓的人是吃不到飯的。要討人喜歡才重要，這就是為什麼名人總是不必花錢就可以出席盛宴、又有免費名師服裝可以穿，以及一堆人要付錢給他們的原因。

五、業師建議的事，盡快去做。然後馬上把行動的結果回報給他們。這種回饋循環可以讓你們的「業師—學員」關係迅速得到強化和鞏固，因為企業家型的業師喜歡受教又立即行動的人。當他們成為指導你的人，而你又會回報結果，他們對你就會變得愈來愈有責任感。對他們來說，這就像是有趣的遊戲，他們也很希望自己真的有幫到你。

要虛心受教。

在你尋找理想業師的同時，這期間如果你真的需要協助，也許可以考慮付費請專家提供意見。那是最簡單的捷徑。如果你很幸運有資金可以投資，那麼，把錢花在專家的指導上，能替你省下年復一年的試驗和錯誤。厲害的專家和真才實學的人通常是執業者，他們的時間相當寶貴。我為了我的企業生涯而投資了幾千英鎊在諮詢、教育和指導上，最後統統獲得了回饋。如果你手上還沒有資金，那麼上網找找你欽佩的人寫過的東西，翻翻書、加入論壇，做點研究。為了讓你的腦袋和事業跨到下一階段，不要猶豫做點投資。

第十六章 事業

無論你想創立生活型態或高速成長的新創公司，你凡事都要從「小」開始——做一點風險較低的小測試，看看你的點子是否有成功的機會。那就不會冒著失去大筆資金的風險。

我們常常看到的錯誤是，有了一個點子（應該是基於市場的真實需求），然後就立刻到外頭尋找資金。若是投入一些傳統行業，像是餐廳或實體商店，也許需要這麼做，但即便如此，我們還是強烈建議你可以從資本密集度較低的臨時小店或在美食街設攤位開始，給自己一個機會，在打定主意投入大量資金之前，先試試大家是否真的喜歡你的產品。

至於不需要實體店面的生意，一有點子就馬上募集資金，是特別不明智的舉動，因為現在創業和先行測試你的點子都很簡單。在數位生活的世界裡，創業的阻礙變小了。舉例來說，如果你想創業，販售你個人品牌的化妝品，你從 Instagram 或 Shopify 網站就可以開始了。你甚至可以讓代工廠負責所有的產品層面，然後讓另一家公司處理你的付款、配送和後勤。這就是凱莉．詹娜所使用的方法。

既然不在一開始的時候募集資金，那麼，當然，我們所建議的方法就是自食其力。自食其力就是「靠自己努力」的概念，換句話說，你要憑一己之力創業。沒有外力的幫助，因為你沒有外部投資者。這通常意味著，你創立公司的資金有一小部分來自於你的積蓄，然後你從客戶身上賺到的錢就是你的現金流，用在使公司進一步成長。

在大部分的情況下，生活型態新創公司可以永遠維持在不求人的模式中（除非他們的資金密集度特別高，而且需要大量設備，例如機器或不動產／土地），而高速成長新創公司大多確實需要有人投資。但是大部分的高速成長新創公司仍應該把目標放在不求人，至少在剛開始的時候。

二〇〇七年，簡．庫姆離開雅虎時，擁有四十萬美元的鉅額積蓄，並且思考著他的下一步，一部分的積蓄成了WhatsApp的初期資金。簡的公司經過九個月的成長，已經擁有二十五萬個使用者（沒有任何外部資金），布萊恩．艾克頓在此時加入，並且協助募集到「親朋好友」的種子輪資金二十五萬美元——大多來自於雅虎的前同事。這是高效率白手起家的一個例子，而且，即使你不像簡一樣有這些可以在你事業上投資幾萬美元的親朋好友，你仍可以嘗試和其他有能力的人合夥。

在白手起家的初期階段，創意和智謀是最珍貴的，因為你必須籌畫如何讓你的新創公司起飛而不用耗盡你所有的財力。

驗證點子的可行性

一旦你有了點子，就應該驗證它的可行性——檢查是不是真的有人想買你的產品，或是使用者有沒有積極使用你的產品。然後，基於使用者—顧客回饋理論，你必須測試、修正和再思考你的方法，讓產品適合消費者的胃口。

你要讓客戶**愛上**你的產品，而不只是**喜歡**它。他們也是你的福音傳播者，用口碑幫你做宣傳。如果他們不這麼做，你可能就要失敗了。口碑就像惹眼的黃金，因為口碑是免費的，而且，如果你有足夠的口碑，你的公司就會病毒式地成長。

這就是你新創公司的初期階段，你必須把自己的時間切分為幾乎是硬生生的兩個部分：打造你的產品和與客戶對話，就是這樣。接下我們要談的是打造你的產品（你最小的可行性產品），但在你那麼做之前，先試圖了解人們是不是真的有興趣。

與客戶對話包括向他們販售和行銷，而打造產品包括了研發你想販售的產品和服務。

如果你能在群眾募資時提出一項很好的提案，理想上，你可能會得到一份意向書，甚至預購訂單。如果可以提出產品意向說明，對於客戶理解你的企業理念會很有幫助（如果客戶是大公司的話）。這是你在動手打造產品前，最能檢驗產品是否可行的機會。

如果是網站設計或應用程式研發公司（生活型態事業），那麼你只要儘管去做，且向你的潛在客戶對話，並且想盡辦法獲得受歡迎度，成交第一筆生意，即使那沒讓你賺錢。你要了解這個過程，客戶喜歡和不喜歡什麼，客戶希望你能提供什麼不同的東西。

唯一方法，就是深入了解。

如果你想創立一間高速成長新創公司，例如目標客戶是有減重困難的人，道理也一樣。你必須向客戶對話，把你的產品交到他們手上，然後看看產品是否有助於解決他們的問題。你也必須弄清楚要怎麼修正產品，才能讓客戶喜愛它，然後再看看你在技術上的解決方式是否有用，舉例來說，幫助他們以應用程式來規劃和追蹤他們下單的外送餐點。

然而，你的點子通常是大家不需要的。

你也許為一個不存在的問題、客戶不認為是問題的問題，或是小到客戶沒動機想解決的問題，找到了解決的方式。

我們大多數人所犯的錯就是，我們想像自己的解決方案會大受歡迎。我們太愛自己的點子了。這是非常危險的。在收到潛在客戶／使用者的回饋前，你要提醒自己不能太愛自己的點子。

你要具備科學心態，從檢視經驗性的資料開始就對了。人們會想花錢買你的產品嗎？如果你的產品是可以用其他方式變現（例如開始刊登廣告）的免費應用程式，而不是使用者出資購買，那你檢視使用者是否經常使用它。如果沒有，你必須透過和使用者對話並分析他們的行為數據，找出原因。

接著，你要依據客戶的回饋來修正和改善你的點子或產品，這個修正過程極為重要。事實上，新創公司常常會意識到他們需要做重大的改變，這叫做策略轉向。

WhatsApp 就曾經做過。它原本的點子是呈現你目前的狀態（例如：「在健身房」、「忙碌中」、「不要打擾」、「出國中」等等）。後來當 iPhone 可以推送通知時，它便轉型成傳送訊息的應用程式。

Instagram 也做過策略轉向。它原本叫做 Burbn，而且是讓使用者在特定地點或行業中打卡的程序。然而，當他們發現程式裡相片分享的功能那麼受歡迎時——尤其附帶創新的濾鏡——Burbn 就轉型成 Instagram。

驗證點子的可行性仍然是新創公司初期階段的事情。即使你打造了一種產品，你在這個時候可能還不會賺大錢，尤其是如果你的公司以高速成長為目標的話。

這就是為什麼我們之前說，要牢記你的現金流和資金耗盡時間，以確保你不會缺錢的原因。新創公司創辦人往往簡化他們的生活方式，以降低支出，或是已經有一大筆積蓄，讓他們在好幾個月沒有收入的狀況下，也有能力支付帳單和生活費。因此，這也是為什麼一開始先把公司當成「副業」（在保有一份全職工作的同時，利用閒暇時間白手起家創業）來做是個好主意的原因。

趁這個機會提醒你，你甚至可以從事自由業來支援自己。今日有許多網站可以讓你依據個別需求，為他人提供你的技能來賺錢，甚至以時薪的方式為遠距客戶服務。無論你是會寫程式、寫文章、做社群媒體管理或行銷、為小企業及其他新創公司做顧問，或是做一些很棒的設計，你都有機會。

如果你創立的是一種精簡的生活型態事業，一般來說，你可以很快就開始賺錢，但是過程會很曲折，除非你具備一些領域的專業知識，是大家所需要的也願意付錢請你協助的知識。這就是「個體企業家」類型，換言之，就是自由業者。許多數位游牧工作者都是一人企業的自由業者，他們依據企畫內容組織員工，建立一支專案導向的虛擬團隊。

無論你發表的是一項產品或服務，你都應該遵循下一個步驟：打造最小可行性產品。

打造最小可行性產品

你要展開一項事業，就需要打造一個最小可行性產品。現在讓我們仔細說明。

「最小」代表「簡化的」，意思是沒有花俏的東西，只有核心的特色。一項產品要能實現它的核心價值——解決問題，滿足你所發現的市場需求。如同我們說過的，這個價值適用於服務，當然也適用於產品。

如果你才剛起步，而且想從實做中學習，那麼就只要專注於核心的價值主張。舉例來說，在洽談第一個客戶和初步合約時，假如客戶只是想提高他們的 Instagram 追蹤人數，就不要急著把網站賣給他們——如果你還沒有那方面的專業或才能的話。一開始先專注於他們來找你的原因，不要為了想嘗試其他的事情而分心。這樣你也比較容易交易成功，並且透過實做學習整套過程。之後，你可以慢慢增加服務項目和打造服務組合。

對產品而言，尤其是像網站和應用程式等軟體，應用這種最小化的方式，就不必花好幾年的時間研發才能推出產品。

你必須打造粗糙但還是有用的產品。

粗糙？

沒錯。在大多數的行業裡，尤其是需要你來解決某個大問題的時候，產品看起來如何並不重要（除非它的需求就是要求美觀）。如果你的產品是應用程式，它有時候會當掉或重新啟動也沒有關係，如果有錯字或其他錯誤也沒有關係。重要的是，它是否能夠解決問題。

這種思維方式很有幫助，它能阻止妨礙你創業的完美主義、恐懼和拖延。

哈桑在一開始時，一直在完美主義中痛苦掙扎，他花了九個月的時間才創立公司，只因為恐懼和追求完美。

然而，如果你不受完美主義羈絆，也不在乎產品是否真能滿足它原本應該要滿足的需求，那麼你也許不用理會上面這則建議，而且還要對你自己所付出的努力感到驕傲。

過度的完美主義相當常見，這就是為什麼 LinkedIn 的共同創辦人里德．霍夫曼說：「如果你第一版的產品不會讓你覺得尷尬，那你就是發表得太晚了。」提醒你，他不是說「深感羞恥」。不過藉由「後見之明」，你在回顧第一版的產品時，應該會覺得它相當粗糙。

艾許在 Just Eat 的時候，不時聽到老客戶批評網站的運作方式。他們會說：「艾許，你的網站簡直是垃圾。」有趣的是，客戶在某件事情上有些意見是個好兆頭，因為如果客戶很不喜歡網站的介面、卻還會使用它，這表示那網站真的滿足了他們未被滿足的需求。

所以，你只要用幾件產品就能成立一家網路商店，用幾種設計就可以開始你的T恤事業，有幾項簡單的特色就能發表你的應用程式。還有，即使網站或應用程式一開始還不是一流的產品，你也可以放心，因為所有數位的東西都能輕易且迅速地修正。

很多企業家的策略是，行銷和販售仍在改良中的產品。他們讓產品看起來好像已經完成度很高、可以直接購買了，但事實上他們只是在做測試，看看大家是否樂於掏出錢來。一旦客戶試圖購買，那個網站或應用程式就會告訴他們，這項產品尚未上市，他們可以預購。當然，如果你不是有意欺騙消費者，我們才會推薦這個方法。用這種方法來驗證一個點子的可行性，是非常有趣的，甚至可能為這項產品找到資金。

依據客戶或使用者的回饋來修正和改良你的產品，是很重要的事，即使你的策略必須轉向。

莎拉．布萊克莉就做對了。她設計出產品Spanx後，有別於使用人體模型的業界標準，她找了真正的女性（能夠給予她實際的回饋）。這個傑出的手法讓她感受到破天荒的成功，因為，他的做法就像今日成功的科技新創公司一樣，可以立即驗證點子的可行性，從真實的回饋中迅速修正。

這種回饋讓她不斷發展出更多革新的設計，像是手臂緊身衣，這樣女性就能一整年都穿著無袖上衣。

這是研發一項產品的正確方法，只要確定在問世和驗證點子的可行性之前，你不必耗費好幾個月的時間打造它。

成長耕耘

艾許有「成長高手」之稱，他很擅長讓新創公司迅速成長。常有新創公司創辦人問他：「我要怎麼做到迅速成長？」

艾許的答案是什麼？在迅速成長之前，你必須做成長耕耘。

那是什麼意思？

它的意思是，在你想要透過 Google 和臉書廣告做大規模的行銷宣傳前，你要用具有創意的方法，找到你的初期客戶／使用者。

在初期階段、在你實現產品—市場契合度之前（也就是透過口碑呈病毒式成長之前），你要真的去「兜售」。你要親自一個個挑選出你的第一批客戶。最好你能與客戶面對面，或至少透過私人訊息，或擴大使用社群媒體及電子郵件。

還有，要確定你不是大量濫發訊息給他們。

在這個階段，心態很重要，你要有很好的恢復力。用願景來激勵自己，要有決心、毅力和膽量去做，並且發掘未被滿足的需求。

Y Combinator 的保羅．葛拉罕很貼切地敘述你在這個階段要怎麼做：「做些不會一蹴而成的事。」意思是，不要企圖運用技巧讓你的工作更簡單，而是要用費時的人與人、一對一的方式去做。舉例來說，不要用同一封電子郵件同時寄給好幾百人那種濫發訊息的方式，而要一封一封的親力為之，每一封信都要符合每個人的各別情況精心撰寫。面對面認識更多人，用電話拜訪，想辦法達成交易，同時讓客戶開心，而不要擔心你未來可能無法這麼做。

「做些不會一蹴而成的事」這個金科玉律的另一種運用方式，是為你的初期使用者／客戶提供一些令人驚艷的服務。別擔心公司在成長之後無法維持這種客服水準，因為到那時候你的產品應該也會改良到沒什麼人需要那項服務了。

你要用成長耕耘來打造受歡迎度，來打造一些人氣和促進公司的進步。

你要怎麼做？你要確保每天都有看到公司的成長，並且專注於此事。你要專注於銷售，並以客戶的回饋來研發產品，以確保客戶愈來愈喜愛你的產品。

但要留意所謂的虛榮指標（vanity metrics）。虛榮指標指的是可能會成長的數字，但它不代表最重要的東西。例如社群媒體的追蹤人數，或是你得到的「讚」等等。對於大多數的新創公司而言，擁有的大量社群媒體追蹤者並不代表什麼，你應該把焦點放在完成交易或使用者下載你的應用程式。

另一種虛榮指標就是，計算新的使用者或客戶，而不查核客戶的留存率。這一點跟應用程式、軟體和訂閱產品比較相關。如果你沒有留住你的客戶，也就是說，他們不會回購或持續訂閱，就很有可能是個壞徵兆，所以你要確定你有掌握到有多少客戶／使用者持續使用。

成長祕技——艾許

成長祕技讓我因此成名，也是我**一直**被問到的問題。然而，大部分發問的創辦人，以他們公司的狀況而言，思考這個問題都還太早了。迅速成長發生在產品—市場契合度鞏固之後，意思是，你的產品很符合顧客所需要的，並開始以口碑的方式傳遍開來，這就表示你的客戶真的**愛死**它了。

走到那個階段通常需要一些時間，這就是為什麼我們要先提到「成長耕耘」的原因。

「成長祕技（Growth hacking）」是西恩・艾利斯在二〇一〇年創的新詞彙，它和數位行銷有所區別。這詞指的是一套能導致成長的、既傳統又非常規的行銷和產品研發試驗。它是高速成長新創公司的同義詞，成長高手只著重於一個目標：成長。這通常可以用所謂的北極星指標（North Star Metric，一種定義公司核心價值的關鍵性指標）來追蹤。

在成長祕技的脈絡中，「祕技」指的是一種明智的捷徑，可以讓你得到又好又快的結果。通常，好的「成長高手」擁有一套跨學科技能，並且善於解讀資料和數據。

維基百科對成長祕技的解釋是：「跨越行銷管道和產品研發的一套快速試驗和測試程序，這套程序能夠找出讓新創公司迅速成長最有效果和最有效率的方法」。基本上它的意思是，你找出一、兩個很棒的行銷攬客管道，加倍努力去做，然後繼續為你的產品或服務，研發並找到良好的成長結構，例如，以「推薦一個朋友」的行銷方式成長。成長祕技的核心，就是創造力。

成長祕技是創意、行銷和技術的交會點。它需要「測試—失敗—重來—測試—失敗—重來，進步」的心態。

著名的新創公司利用成長祕技達到迅速成長的案例多不勝數，例如 Airbnb 運用克雷格列表（Craigslist），以及 Hotmail 在每一封寄出去的信件結尾加上一行字「附註：我愛你，在 Hotmail 註冊你的免費電子信箱」。在 Just Eat，我們利用 Google 地圖列表和我們的餐廳評論做為強而有力的成長祕技。

然而，成長祕技有其時機點，而且同樣的方式不會再次奏效，成長祕技不是永遠的靈丹妙藥。在成長祕技裡，最重要的是心態——不斷試驗和修正你的策略。

還有，要記住，過去有效的策略，通常在現今已經沒效了。所以心態比策略還重要，這也是為什麼身為一個成長高手，要不斷捨棄所學且持續學習新事物的原因。

真正的成長高手有正確的成長**心態**。他們不會固守任何特定的行銷或配送管道，他們不會迷戀過去有效的方法。他們會檢視現在的世界，評估選擇、經常測試，然後採取最有效的方法。

歸根究柢，最重要的事情還是基礎要正確，也就是說，產品或服務要讓顧客開心。

一旦你做到了，產品和市場就會有契合度。只有在那個時候，你才應該思考以成長祕技來擴張你的公司，並且將更多燃料（通常是金錢）投入火焰中。

第十七章 募集資金

如果你決定你的新創公司需要外部資金，這一章就是依據我們自己的經驗、我們與其他投資人交流的心得。

募集資金可能包含很多複雜的因素，但是你身為創辦人，不要操心太多這種事。你的職責是專心讓公司變得值得別人來投資。

所以，不要操心太多關於「可轉換債券」的細節和條款清單，你在一開始只要專注於基本的東西。

記住這一點，在這一章裡你會發現有很多清單。我們盡可能為你打造更優越的價值，讓你有個扎實的起點。

首先，記住，你不是為了募集資金而創立公司，相反地，你創立公司是為了服務客戶或使用者，而且要獲利，最好還能為這個世界帶來某些正面的影響。一定要記住這一點。

另外也很重要的是，要記得，並非每一個創辦人或新創公司都要募集到很多資金。你可能聽過很多這樣的故事，有些人敲了幾百個門，終於找到一、兩位願意投資的風險投資人。但是，還有其他幾千則故事的結局是一次又一次的「不」。

大多數人都不了解募資是多麼令人筋疲力盡、讓人分心又耗費時間。那麼，準備開始摟嘍！

在尋求投資人或風險投資人投入資金時，重要的是，要先具備受歡迎度。意思是，要迅速成長，就是這麼簡單。你要證明你一個月又一個月地迅速成長，最好是呈現「曲棍球棒」的成長曲線。

你的新創公司受歡迎度愈低，就愈難募得資金，因為基本上你只是在要求他們投資一個點子。

這裡強有力的不平等優勢就是MILES中的「專業」，雖然我們還沒直接討論過這點，但有稍微提到——為一個**點子**募集資金通常是創辦人的職責，而這個創辦人**已經**擁有一間成功的新創公司。所以，這裡有一堆更勝一籌的公司創辦人，因為他們已經向投資人證明自己以前有能力做到，所以未來他們還可以再次做到。如果你沒有那樣的紀錄，你要麼具備很多的不平等優勢，要麼就是有足夠的受歡迎度。

隨著公司成長，想為高速成長新創公司提供資金的順序通常是：

一、**積蓄**——高速成長新創公司剛開始的時候，多是以創辦人的個人積蓄做為資金。有些創辦人也會使用信用卡，但是我們不推薦，因為那樣頗具風險。

二、**自食其力**——通常這是下一個階段，也就是說，你開始販售商品，然後使用你從客戶那裡賺來的錢資助公司。

三、**三個F：家人、朋友和傻瓜（family, friends and fools）**——這些是最信任你的人。（傻瓜是半開玩笑的，因為新創公司太常失敗。但是你最好別真的相信他們是傻瓜。你對於新創公司點子有完整的想法！）不是每個人都有富裕且禁得起風險的親朋好友，這就是地位的不平等優勢。這些人會以取得權益（你公司的股票）做為交換。

（順道一提，在英國和其他國家，投資新創公司可以得到減稅鼓勵。）

四、**補助與競爭**——政府補助、社會影響力基金、群眾募資、新創公司競賽、程式設計馬拉松等等。這些都是你可以募集資金的方式，而且你可以從以下Canva的案例分析中看到，政府補助真的對他們有所幫助。政府補助一般不會換取權益（除了在群眾募資的情況下，有些平臺出資的目的是為了換取權益）。

五、**天使投資人**——這些投資在新創公司的人，是真正有錢的個人，他們通常把投資當做副業。他們多是成功的新創公司創辦人，艾許就是一個例子。他們一般會是第一個外部——非親朋好友——投資人。他們會比風險投資人更容易接近，然而，你要讓他們喜歡你和你的願景、市場，有時候甚至是社會影響力。

六、風險投資人——這些是專業的投資機構。他們比你的親朋好友更嚴苛，愈到後面的階段，他們投資的金額也愈大。他們會檢視你的團隊、受歡迎度、成長和整體潛在市場。

七、私募股權——跟風險投資人一樣，不過這種方式比較適合較成熟的公司。

八、首次公開募股或收購——在公開股票市場上流通，或被較大的公司收購。

尤其是在初期階段的創辦人，考慮這些選項時應小心謹慎。哪一種才適合你？也許你在經歷過階段一、二和三之後，就滿足並停止了，因為你已經擁有你所需要的。

但是，假如你決定繼續朝天使投資人和風險投資人的階段前進，我們也列出一些矽谷（新創公司）的頂尖訣竅！天使投資人和風險投資人之間的差異在於，天使投資人較沒那麼看重受歡迎度，他們是基於對創辦人的信心才投資的。

為了募集資金，尤其是風險投資人的資金，首先要確定的是，你真的想要募集資金和壯大嗎？在這個階段你的決心非常關鍵。如同我們討論過的，如果你想維持在區域性的、工作室的，或小團隊的規模，生活型態新創公司絕對可以很賺錢。所以向風險投資人募集資金之前，你要確定自己已下定決心要這麼做。如果得到了風險投資人的投資，你對外部持股人就負有非常重人的責任。

募集資金的首要之務，就是研究你想鎖定的投資人。不要抱著亂槍打鳥的心態，不同的投資人會投資在不同類型的新創公司。要確認你的新創公司類型是哪個天使投資人或風險投資人經常投資的標的。

分析一下你的投資人，以免浪費大家的時間。以下是供你檢視的快速列表：

一、**行業和企業類型**——你的新創公司是他們常投資的類型嗎？
二、**金額規模**——他們通常投資多少金額？
三、**申請程序**——你向他們提出申請要遵循哪些步驟？
四、**決定過程**——他們投資的標準是什麼？
五、**地點**——他們通常投資的國家和地方？
六、**加值型投資人**——最好可以找到除了錢以外還能提供其他利益的投資人，他的影響力有助於你公司的成長，無論是經由接觸、基於企業經驗的建議或任何東西都好。

一旦篩選出你想要找的投資人，就試看看誠心誠意地介紹你自己和你的公司。這時你需要運用第十五章提到的人脈技巧。

接下來就是募資了。

如何做募資簡報

在我們進入募資之前，我們先談談溝通的問題。投資人沒有時間去推測你想說什麼，如果你不能清楚明確說明，那你勢必有一場硬仗要打。我們親耳聽過幾百種募資故事，其中就有些人有這種問題，所以請把你的重點訊息、電子郵件和募資企畫寫得格外簡明扼要。簡報時不要使用行話，簡單好懂的用語即可。不要把投資人當做顧客，一直使用行銷術語，那對投資人沒有用，只會讓他們不耐煩。關鍵在於簡潔。

為了讓你的說明內容明確好懂，你要的是具體的陳述。具體的陳述格外重要，不要說一些「我們是革新性的社群媒體」之類的話，只要確切地表達你的新創公司要做些什麼事，例如，「我們可以擺脫煩人的動態消息」。

現在，為了讓你的介紹內容更有組織，你要回答以下十個問題：

一、**你的新創公司要做什麼？**——愈簡單愈好。

二、**你要解決什麼問題？**——這時要提出你的關鍵洞見。

三、**市場有多大？**——整體潛在的市場，你得做些研究。如果那是一種全新的產品，你需要估計市場有多大（客戶人數乘以你向每位客戶收取多少錢）。

四、**你的受歡迎度如何？**——你已經擁有多少個使用者、顧客或客戶？投資人會想看到非常迅速的成長率。如果你一個也沒有，那至少證明你的產品是客戶想要的，即使只有少數人。你也要有一套「進入市場」的策略，意思是，如果你還沒有夠吸引人的受歡迎度，你就要有一套明確且周密的行銷計畫。

五、**你要怎麼賺錢？**——這一定要講清楚。

六、**團隊裡有什麼人？**——投資人主要想知道還有哪些共同創辦者。可以強調你的個人地位和可信度，以及你到目前為止有過怎樣的成就。

七、**誰是你的競爭者？**——你要好好研究競爭狀況。如果你說沒有競爭對手，投資人是會相當懷疑的。

八、**你的不平等優勢是什麼？**——利用 MILES 架構評估你擁有什麼不平等優勢，然後決定哪一項最具相關性。依據新創公司的需要，說明你的不平等優勢可以如何讓公司成功。例如：「因為我們的洞見，在所有競爭者當中，唯有我們能夠滿足這項未被滿足的特別需求。」或者是：「我們在這一行裡有扎實的人脈，我們特別有門路能夠接觸到客戶，並將我們的產品賣給他們。」

九、**你想募集多少資金？**——這一點你必須很確定。如果不確定，那就設定比你所認為的再多一些，因為這樣可以省去你再回頭找另一輪資金的功夫。

十、**你會把這些錢花在哪裡？**——投資人會想聽到你把錢花在對的事情上，像是銷售、行銷和產品研發。

這十個問題幾乎涵蓋了你募資時所需要說明的一切。你可以為每一個問題做一張投影片，這樣你就有九到十張的募資簡報（最後兩個問題可以放在同一張投影片上）。

頂尖的募資訣竅

說故事的威力很強大，現在我們要用說故事的技巧讓你的內容既有趣又條理分明。

- 如果你還沒有受歡迎度，那麼就販賣你的願景和團隊，並且提供某種驗證或證明，證實你的產品是客戶真正想要的。
- 告訴他們你的成長預測。明智的投資人都知道預測是不準確的，但是他們最想知道的，莫過於你對這件事情的想法。
- 如果你募資的對象是風險投資人，那麼你不需要花太多的時間說明市場規模。你要做的是澈底的研究，因為他們已經有了充分的相關資料，風險投資人自己也會做研究。如果你想讓風險投資人感興趣的話，那就要確定市場規模有數百萬美元。
- 找一支實力堅強的資金團隊，告訴他們為什麼**你**將會在你投入的市場裡獲勝。你一定要強調你個人的不平等優勢。

- 寧願找到真正信任你的投資人，這樣比那些只是怕錯失良機才出資的投資人好多了。
- 關鍵的事項，要以動人的故事向投資人和客戶說明，並且分為兩種不同的版本，不要混淆了。
- 風險投資人喜歡下大注，所以你要向他們證明你的年收能達到一百萬、五百萬，甚至一億美元。
- 別忘了，投資人最後最關心的還是錢，以及你能拿什麼回報給他們，這是最基本的。
- 想知道某個人對你的新創公司有沒有興趣，可以運用一種快捷的方法，就是提出一個簡單的問題，像是「請問我將你的意見做一份七頁的簡報寄給你如何？」然後用電子郵件傳給對方一份簡短的報告。
- 我們較常看到的另一種方法是只用一頁的簡報，做一個簡明的版本，來介紹你的公司和產品。
- 如果你想找推薦人或介紹人，可以事先寫好內容，讓對方編輯和寄出，這樣他們做起事來比較方便。
- 要讓投資人留下深刻的印象，想辦法讓他們注意到你，可以研究他們最近的投資，以及看看他們的推文。

募資的禁忌

在和投資人談話時，一定要避免以下幾種會讓他們遲疑的事：

- 「我們正在打造一款應用程式、網站或最小可行性產品。」——盡量打造好了再來談。
- 「我們沒有競爭對手。」——他們會認為你沒做足功課。
- 「我們打算用半年的時間成長到一千萬英鎊。」——別太高估自己。
- 一般人聽不懂的行話。
- 「動作要快，我們就要結束這一輪募資了。」——這種假象只會讓人感到不耐煩。
- 用三十張投影片做複雜的投資簡報——這太誇張了。
- 「我們還沒測試過任何的點子。」——去測試！
- 「共同創辦人團隊需要大筆薪資。」——投資人希望他們的錢是花在行銷和產品研發上。
- 「我們只需要你的錢，不需要你的幫助。」——除了錢之外，投資人希望自己也有貢獻。

現在你已經創立了自己的新創公司，也思考過你的目標和你的「為什麼」，你有了兩種不同類型的新創公司，你找到一個點子，你找到一個共同創辦人，你測試過你的點子，你打造了最小可行性產品，你耕耘你的新創公司，也募得了資金。

不平等優勢並不是靜態的，這些優勢不會永遠不變，它們會發展和改變。為了你也為你的新創公司，你要常常問自己，你的不平等優勢是什麼。

最後，我們來看看一個激勵人心的個案，獨角獸新創公司 Canva 的共同創辦人梅蘭妮・柏金斯。她的故事完美詮釋了如何在不平等的競爭環境裡，善用本書中所討論的不平等優勢。

梅蘭妮・柏金斯，Canva——累積你的不平等優勢

這個案例一定不能錯過，我們把它放在壓軸的地方，因為它很有啟發，並且充分說明了如何發揮你才學會的不平等優勢。

二〇〇七年在澳洲的柏斯市，梅蘭妮・柏金斯是個十九歲的大學生。她在大學裡兼職教授程式設計，她發現不少學生在基礎入門時就頗感吃力——光是教會他們所有按鍵的位置，就花了一整個學期。Microsoft Publisher 和 Adobe 產品非常複雜，而且是過時的桌機軟體。那就是她的洞見。

她的願景非常遠大：向這些軟體公司挑戰，但當時她只有十九歲，她決定先從解決簡單的問題開始。

她注意到，每年她母親（是學校老師）在處理畢業紀念冊時壓力很大。對於像她母親這種沒有設計經驗的老師來說，這個問題讓他們很頭痛。梅蘭妮知道可以利用線上群組軟體輕易解決這問題，所以她和男朋友克里夫・歐布雷特向親朋好友借了一筆錢，他們很幸運募集到五萬美元。有了這筆錢，他們拜訪柏斯市的每一支團隊，看看誰能幫他們打造一套專門的軟體。大多數的技術團隊都認為這兩個青少年瘋了，但是最後梅蘭妮和克里夫還是找到了一支同意接下這個專案的團隊。這支團隊缺乏的是地位，因為他們很年輕，但是他們有毅力，也願意從錯誤中學習，並且教育自己和累積他們在事業上的專業。

透過快速大量學習，並且稍微改裝梅蘭妮母親的客廳，就變成了設計畢業紀念冊的新創事業Fusion Books的辦公室（還要放置大型印刷機），他們白手起家成立了這個平臺，並且年年成長。當梅蘭妮開始雇用員工後，她逐漸接管了房子：「我們的印刷業務天天無休運作，因此我也接管了媽媽的車庫、車道和玄關。老天，她可真是夠好心的。」他們的家人也義不容辭投入幫忙，她的媽媽做逐字校對，男朋友的媽媽當會計，男朋友的爸爸則負責開車到郵局取件。

所以你可以看到，他們得到家庭成員的協助和支持。在第十一章裡（地位），講的就是這種社會學家所謂的社會資本。

澳洲政府提供研究和研發稅務減免，梅蘭妮和男友後來又取得了兩萬美元的銀行商業貸款。梅蘭妮說，要是沒有這些資金，他們早在創業初期就把錢用光了，根本無法持續到現在。

他們後續的故事才真正有趣。因緣際會下，他們在某次的發明家年度頒獎典禮上（他們是亞軍），認識來自矽谷的投資人比爾．泰。

他們短短五分鐘的閒談，就打開了另一個嶄新世界的窗戶。梅蘭妮向比爾．泰描述她的宏大願景和企圖心，想創立高速成長新創公司（線上群組設計軟體，後來成為Canva）與微軟及Adobe等大公司較量。比爾．泰很認同這個點子，如果他們到矽谷的話，他願意和他們進一步詳談。「我真不敢相信我這麼幸運！」梅蘭妮說。

所以她回家後就開始研究矽谷這個充滿風險投資人和新創公司的未知世界。幸運之神又一次眷顧她，因為她的兄弟剛好在洛杉磯念書（那裡離矽谷很近），同意讓她在他的住處待兩週。

她打包行李後，就帶著她遠大的新創事業點子到矽谷去了。她面談時很緊張，還穿了時髦俐落的服裝去見比爾．泰，但他只是若無其事叫她不用那麼費心（她說自己當時很糗）。在談話的過程中，當梅蘭妮拚命講解時，比爾不時用手機發訊息，似乎沒在聽她說畢業紀念冊的事。她很失望，以為他不感興趣。

事實上，比爾．泰是在發送訊息把梅蘭妮介紹給他認識的人，要他們找她談談。最後比爾．泰說他會投資，條件是他們必須找到一個實力堅強的技術型共同創辦人。太好了！但問題是，梅蘭妮不認識那樣的技術人員。

所以，原本預計待在洛杉磯的時間從兩個禮拜變成三個月（整個簽證期間），因為她忙著尋找一個技術型共同創辦人。她參加每一場工程會議，用 LinkedIn 尋找人才，打電話給陌生人。她在一家購物中心架設起她的「辦公室」，努力想辦法達成目標。她竭盡所能參加每一場會議。

你可以看到，她幹勁十足又勤懇。事實上，她常常熬夜或根本沒睡，只為了提交她答應人家的文件，即使那些約談也是臨時敲定的。

梅蘭妮很內向，但她豁出去了，走出她的舒適圈，一切都是為了實現她的願景。事實上，她甚至學會風箏衝浪，因為她發現比爾．泰喜歡玩風箏衝浪，而且正要辦一場新創公司的風箏衝浪聚會，屆時一大堆高獲利投資人都會現身。她討厭風箏衝浪，但還是去學了，就為了提升自己受邀的機會。

你看到她的膽識和毅力了嗎？你看到她的衝勁了嗎？

梅蘭妮每到一個地方都會找軟體工程師談談，看看他們有沒有興趣以技術型共同創辦人的身分合夥。但是她不斷遭到拒絕，她也不斷遭到投資人的拒絕（光靠比爾．泰的資金是不夠的），即使苦撐一整年找到技術型共同創辦人後，也是如此。

她認為自己被拒絕，是因為投資人想要看到某種商業模式，如我們在第十一章（地位）提到的。她在部落格裡是這麼寫的：

大家都知道投資人要找的是成功企業家的「模式」——馬克．祖克伯成功了，所以大多數人都想要看到類似的模式。我們不符合投資人想要的*任何*條件。

她回想起讀過的一篇文章，少了如史丹佛、哈佛、麻省理工學院、前谷歌、蘋果、臉書員工，甚至是圖表中往上和往右的優勢區域等等的身分，竟然會遭遇到這麼多的負面評價。如她所說的：「別人似乎對我們有很多看法，儘管都是負面的。我們沒有頂尖大學和公司的『優良血統』，我們也沒有漂亮的圖表。」

連他們的地點似乎都對他們不利。幾乎所有的投資人都堅持他們應該搬到矽谷，但他們就是想待在澳洲。

梅蘭妮或許不具備教育和地點的優勢，但是她具有重量級的洞見，野心勃勃的願景，以及實現理想的膽識和毅力。

不過，即使在打造出產品（即後來的 Canva）、且也有國際性的迅速成長之後，他們仍然設法籌募資金。他們的募資簡報重寫過一百遍以上，而且募資技巧一點一滴在進步。

最後，他們成功籌到三百萬美元的投資，一半來自於加州的投資人，另一半來自澳洲政府補助的相對基金（在歷經千辛萬苦的申請之後）。他們搬到雪梨，在二〇一四年創立了 Canva 公司。它以瘋狂的速度成長，並且真的成了獨角獸企業（價值超過十億美元）！

Canva 有出色的產品，它也是技術新創公司女創辦人成功的精采故事。

當我們說，成功是努力加上運氣時，指的就是這個意思。梅蘭妮的不平等優勢是她舒適的中產階級成長環境、全力支持的家人、極高的才智、運氣，以及她深入研究、並在這麼年輕時就創立了一家生活型態的新創公司（畢業紀念冊——Fusion Books）的經驗和專業。她從那裡開始實現高速成長新創公司的點子，就是後來的 Canva。如果我們要從她的不平等優勢中，挑出一個最關鍵的，那就是她的洞見。由於在大學教授設計，她很早就看到現有設計軟體的問題」。

在她的故事裡，你可以看到帶領她走向極度成功的正確人格特質和願景。

結語

呼，我們一起度過了好長一段旅程啊。

恭喜你走到這裡。

我們在本書一開始就提醒各位，人生是不公平的，運氣和生命的不可預測性讓大家都沒有平等的機會。我們用媒體上所看到的一些極成功、且被偶像化的少數特例，來證明人生向來就是不公平的。然而，我們也討論到看待運氣和努力的二元性的心態，以及如何運用這些心態。這表示了，即使是瘋狂成功和自食其力的億萬富翁，他們的故事也有很多是值得我們學習的，但我們不該拿自己和他們比較，因為我們的性格、力量和環境都不一樣，而且獨特。

我們討論過看待運氣的心態，而且也不斷提醒大家，我們對於所擁有的一切要心懷感激，對於生命中所具備的一切要懂得滿足和接受，而不要只是感嘆自己「歹命」。這種正確的心態也能讓我面對運氣不好的人時，更懂得同情、付出、仁慈和慷慨。

我們也討論過努力工作的心態，只要設定目標、投入心血及時間，我們就有能力改善自己的命運。這種心態可以讓我們對未來抱有夢想，然後一步一步去實現它。人要有個夢想，想在這個世界上留下自己的痕跡，要過著自己夢想中的生活。

我們討論過經由理解你的不平等優勢，可以將這兩種看似對立的心態調和在一起，善用你的力量和環境的影響力，創造你想要的未來，無論你是否要創立新創公司。事實上，不平等優勢可以運用在生活的每一個面向。

你已經知道如何利用 MILES 架構來檢視你的不平等優勢，把它當做一面透鏡，透過它來檢視許多成功的案例。你學到要以正確的心態為基礎，你學到定型心態相信運氣，成長心態相信努力。你學到真理其實存在於兩者之間，這種現實成長心態讓你保持思緒清晰，也不會讓你瘋狂想成為下一個伊凡．史匹格或梅蘭妮．柏金斯。這種心態能維持你的心理健康，但仍賦予你走出舒適圈的力量，並且願意追求理想。

你學到的 MILES 架構分為五大類——財力、才智和洞見、地點和運氣、教育和專業，以及地位（包括你的人脈）——都對你的成功扮演極重要的角色。但是它們的作用就像雙面刃一樣，有時候可以將你顯著的不足之處，轉變成擁抱正確心態的力量，並從中決定適合你的新創公司類型和點子。

你學到你自己的「為什麼」有多麼重要，包括與你的「較低自我」（追求某種生活型態，提升你的地位和認同感等等）和「較高自我」（想對社會或世界有正面影響）有關的「為什麼」。從這一點開始思索，你可以基於自己的不平等優勢而決定要創立什麼類型的新創公司。

最後，我們帶你快速瀏覽入門指南，並且強調，你主要的目的不應該是募集資金，而是經營一種能夠創造價值且永續發展（會賺錢，或是最後會賺錢）的真正事業。

這就是不平等優勢的真正力量，當你確認自己的不平等優勢並據以行動時，你的新創公司就開啟了新的局面。你的計畫得到客戶的心，因為你很快就可以從他們那裡得到回饋意見，你熱賣的商品也會創造受歡迎度。

然後，平庸的人生變得精采非凡。

大家其實也常常問到我們的不平等優勢，說明如下：

艾許

我沒受過高等教育，所以我不會覺得自己比別人強，我靠自學來累積自己的專業。我沒有財力，所以即便我全力以赴，也沒有什麼好損失的。至於才智，我沒有「很會讀書」的天分，但是我有「生活智慧」和良好的社交、情緒及創意智慧。我沒有最理想的地點，但是很幸運我搬到倫敦了。我沒有地位，但是我用自己告訴自己的故事來提升內在地位，另外加上我的專業而建立起的外在地位。

哈桑

我沒有富裕的財力，但是我有足夠的錢投資自己，我註冊線上商業課程，從此展開了我的企業家之旅。我有閱讀的天分，也很幸運擁有地點的優勢，這要歸因於我小時候和爸媽一起從巴格達搬到倫敦。還有，我剛好在對的地點和對的時間遇到艾許。我沒有地位，但是我積極建立人脈，也找到很好的業師做為我旅程中的指導者。

那你呢？**你的**不平等優勢是什麼？

想做就趁現在，想採取行動就趁現在。

大多數人從不行動，你要成為少數會行動的其中一個。找出一個待解決的問題，跟潛在客戶和使用者對話，並且基於他們的需求研發解決方案。要開個價碼，否則那只是一種嗜好，而不是事業。

這是你大放異彩的時刻。

最後，別忘了感激的重要性。每當你思緒紊亂、覺得無力完成某件事、心裡委屈難受、覺得無法勝任或像個冒牌貨時，只要來個深呼吸，想想你生命中所有該感激的事情，你會很訝異發現，原來自己已經擁有很多。

你已經具備成功所需的一切。

讓我們知道你進行得如何，如果你有任何問題，請發電子郵件給我們。我們會閱讀每一則郵件，盡量一一回覆。

用社群媒體找到我們，或寄電子郵件到：

ash@theunfairadvantage.co.uk

hasan@theunfairadvantage.co.uk

如果你喜歡我們的書，那你也會喜歡我們的電子報，我們會在裡面分享我們的想法、文章、影片和 podcast。

請到這裡註冊：www.theunfairadvantege.co.uk/bonus，你會看到我們的獨家內容和影片。

中英名詞對照表

人物

三至五畫

大衛·布翠斯　David Butress
大衛·海尼梅爾·漢森　David Heinemeier Hansson
大衛·普卡德　David Packard
巴拉克·歐巴馬　Barack Obama
比爾·葛洛斯　Bill Gross
比爾·蓋茲　Bill Gates
比爾·泰　Bill Tai
卡蘿·德威克　Carol Dweck
史考特·庫克　Scott Cook
史提夫·賈伯斯　Steve Jobs
史提夫·布蘭克　Steve Blank
史提夫·沃茲尼克　Steve Wozniak
史蒂芬·霍金　Stephen Hawking
尼可拉·特斯拉　Nikola Tesla
布萊恩·艾克頓　Brian Acton
布萊恩·崔希　Brian Tracy
弗雷德·特曼　Frederick Terman
皮耶·布赫迪厄　Pierre Bourdieu

六至十畫

伊凡·史匹格　Evan Spiegel
伊娃·朗格莉亞　Eva Longoria
吉米·威爾斯　Jimmy Wales
安東尼·卡薩雷納　Anthony Casalena
安琪拉·達克沃斯　Angela Duckworth
老虎·伍茲　Tiger Woods
艾倫·狄波頓　Alain de Botton
艾琳·李　Aileen Lee
艾琳·博比奇　Eileen Burbidge
艾瑞克·史密特　Eric Schmidt
艾默里·羅文斯　Amory Lovins
西恩·艾利斯　Sean Ellis
西恩·帕克　Sean Parker
西蒙·斯內克　Simon Sinek
克里夫·歐布雷特　Cliff Obrecht
克里斯·葉　Chris Yeh

克里斯多夫・蘭根 Christopher Langan
坎達兒・詹娜 Kendall Jenner
李察・韋斯曼 Richard Wiseman
里德・哈斯廷斯 Reed Hastings
里德・霍夫曼 Reid Hoffman
亞伯特・愛因斯坦 Albert Einstein
妮可・李奇 Nicole Richie
彼得・泰爾 Peter Thiel
彼得・溫德爾 Peter Wendell
拉羅希福可 La Rochefoucauld
東尼・布萊爾 Tony Blair
金・卡戴珊 Kim Kardashian
阿里・賓・阿比・塔利卜 Ali Ibn Abi Talib
保羅・葛拉罕 Paul Graham
威廉・惠利特 William Hewlett
查理・辛 Charlie Sheen
查德・賀利 Chad Hurley
派翠克與約翰・柯里森 Patrick and John Collison
約翰尼斯・古登堡 Johannes Gutenberg
胡達・卡坦 Huda Kattan
班・卡斯諾查 Ben Casnocha
班・霍羅維茲 Ben Horowitz
馬克・安德森 Marc Andreessen
馬克・祖克伯 Mark Zuckerberg
納西姆・尼可拉斯・塔雷伯 Nassim Nicholas Taleb

十一至十五畫

強森・弗瑞德 Jason Fried
梅蘭妮・柏金斯 Melanie Perkins
理查・布蘭森 Richard Branson
莎拉・布萊克莉 Sara Blakely
許子祥 Will Shu
雪柔・桑德伯格 Sheryl Sandberg
雪莉 Cherie
傑克・布萊克 Jack Black
傑克・多西 Jack Dorsey
凱文・斯特羅姆 Kevin

十六畫以上

地點

哈利街　Harley Street
埃奇韋爾　Edgware
梅菲爾　Mayfair
溫布萊球場　Wembley Stadium
薩佛街　Savile Row
騎士橋　Knightbridge

其他

BT年輕科學家　BT Young Scientist
太空探索技術公司　SpaceX
戶戶送公司　Deliveroo
《卡內基說話之道》　*How to Win Friends and Influence People*
企業投資計劃　EIS/ Enterprise Investment Scheme
安德瑪　Under Armour
利墨里克大學　University of Limerick
谷歌　Google
《幸運人生的四大心理學法則》　The Luck Factor
《每日電訊報》　*Telegraph*
紅杉資本　*Sequoia Capital*
《倫敦旗幟晚報》　Evening Standard
《原子習慣》　Atomic Habits
《高等教育紀事報》　*Chronicle of Higher Education*
推特　Twitter
教育機會贊助商　Sponsors for Educational Opportunity
《第一次工作就該懂》　*The Start-Up of You*
凱鵬華盈　Kleiner Perkins
《富比士》　*Forbes*
惠普企業　Hewlett-Packard
雅虎　Yahoo
網飛　Netflix
《隨機騙局》　*Fooled by Randomness*
龍穴　Dragon's Den
臉書　Facebook
邁爾斯—布里格斯性格分類法　Myers-Briggs assessment
寶潔公司　Procter & Gamble

用你的不平等優勢創業

沒有資金、沒有人脈，也能創立會賺錢的微型公司

作者　艾許・阿里，哈桑・庫巴（Ash Ali & Hasan Kubba）
譯者　張家瑞
主編　劉偉嘉
校對　魏秋綢
排版　謝宜欣
封面　萬勝安
社長　郭重興
發行人兼出版總監　曾大福
出版　真文化／遠足文化事業股份有限公司
發行　遠足文化事業股份有限公司
地址　231 新北市新店區民權路 108 之 2 號 9 樓
電話　02-22181417
傳真　02-22181009
Email　service@bookrep.com.tw
郵撥帳號　19504465 遠足文化事業股份有限公司
客服專線　0800221029
法律顧問　華陽國際專利商標事務所　蘇文生律師
印刷　成陽印刷股份有限公司
初版　2020年7月
定價　360元
ISBN　978-986-98588-5-4

歡迎團體訂購，另有優惠，請洽業務部 (02)22181-1417 分機 1124、1135

特別聲明：有關本書中的言論內容，不代表本公司／出版集團的立場及意見，由作者自行承擔文責。

國家圖書館出版品預行編目 (CIP) 資料

用你的不平等優勢創業：沒有資金、沒有人脈，也能創立會賺錢的微型公司／艾許・阿里（Ash Ali），哈桑・庫巴（Hasan Kubba）著；張家瑞譯．
-- 初版．-- 新北市：真文化，遠足文化，2019.11
面；公分 --（認真職場；7）
譯自 : The unfair advantage : how you already have what it takes to succeed
ISBN 978-986-98588-5-4（平裝）
1. 創業　2. 職場成功法
494.1　　109008132